NF文庫
ノンフィクション

第二次大戦 残存艦船の戦後

生き残った150隻の行方

大内建二

潮書房光人新社

はじめに

　太平洋戦争が終結したとき、日本国内に残されていた艦艇や商船はわずかであった。その威容を誇っていた日本帝国海軍の艦艇は、主力艦である戦艦、航空母艦、巡洋艦のほとんどは失われ、残存していた艦艇もほぼすべてが米軍の攻撃で沿岸に着底した状態で、唯一可動な主力艦は軽巡洋艦「酒匂」一隻という有様であった。

　二〇〇隻余りの戦力を誇っていた駆逐艦も、すぐにでも戦えるのは「陽炎」型駆逐艦「雪風」と戦時急造型の「松」「橘」型駆逐艦一七隻という惨状であった。つまり帝国海軍艦艇は壊滅状態にあり、戦争の続行など不可能だったのである。

　また戦争勃発時に総トン数一〇〇トン以上の商船二五〇〇隻、六三九万総トンを保有し、世界第三位の海運国の位置にあった日本の商船隊は、戦争期間中に一三四〇隻、三三三万総トンの商船を急造しながら、その大半が失われた。戦争終結時に残存していた商船は一二一七隻、一三四万総トンに過ぎなかったのである。つまり戦争で二六二三隻、八三八万総トンを失ったことになるのである。

そして残された商船もその多くは戦時中の粗製濫造の船で運航不能状態にあり、稼働状態のものは八〇万総トンに激減していたのであった。なかでも戦前に建造された優秀商船にいたっては、ほんのひと握りに過ぎなかったのである。

戦争終結後、これら残存した艦艇や商船は、どのような結末を迎えたのであろうか。あるいは新しい活路をあたえられたのであろうか。

本書では、これまでほとんど明かされてこなかった終戦時の残存艦船について、その後の姿を紹介している。

第二次大戦 残存艦船の戦後——目次

第3章　特設艦艇

第4章　陸軍徴用船

第5章　民間運用船

第二次大戦 残存艦船の戦後

——生き残った150隻の行方

第１章　残存艦艇

終戦時の日本海軍の戦力は主力艦のほぼすべてを失い、全滅に近い状況であった。浮揚して残存していた戦艦は「長門」一隻であり、航空母艦では三隻、巡洋艦は軽巡洋艦一隻と練習巡洋艦一隻のみであった。それらはただちに戦闘が展開できる状態とは程遠く、損傷を受けて修理もままならない、あるいは樹木でカモフラージュして隠匿されていたのである。つまり主力艦は実質的な壊滅に帰していたのである。

一方、その他の艦艇もその多くが失われた。とくに駆逐艦は特型駆逐艦や「乙」型駆逐艦はほぼ全滅状態で、残った大半は戦時中に大量建造された「松」型駆逐艦（別称、「丁」型駆逐艦）であった。

また戦時中に大量建造された護衛艦艇としての海防艦や駆潜艇などもその半数以上を失い、残存し稼働していた艦艇は極端に少なくなっており、戦争の継続は不可能になっていたのであった。

大型艦

戦艦「長門」

「長門」は世界最初の一六インチ主砲（通称、四〇センチ主砲）搭載の戦艦として、一九二〇年（大正九年）十一月に呉海軍工廠で完成した。結果的には本艦は一九二二年に始まったワシントン海軍軍縮条約で、世界の建艦競争の一種の歯止めのきっかけを作った艦であるともいえたのである。

戦艦「長門」は一九三四年（昭和九年）からの最後の改造工事により近代化が完成し、公試排水量四万三五八〇トンとなっていた。「長門」は一九四一年十月に連合艦隊旗艦となり、同年十二月八日に岩国沖に停泊する本艦よりハワイ奇襲機動部隊に対し「ニイタカヤマノボレ」の開戦の信号が送られたのである。

本艦は一九四二年二月に新たに竣工した戦艦「大和」に連合艦隊旗艦をゆずり、以後は第一線部隊配属となったのであった。しかし本艦が実動部隊で戦闘を展開することはなく、国内基地やトラック島基地などで艦隊の指揮をとる体制が続いていた。

「長門」の初めての実戦参加は一九四四年十月のフィリピン沖海戦の一環としてのサマール沖海戦であった。このとき本艦は敵護衛空母部隊とその護衛駆逐艦部隊に対し初めて四〇セ

1945年8月、終戦後の長門

ンチ主砲を発射したのであった。

その後「長門」は戦場に赴くことはなく国内に在泊していたが、その最中の一九四五年七月、横須賀港内で敵機動部隊の艦載機の攻撃により直撃弾三発を受けた。この攻撃で「長門」の艦橋が破壊された。しかし修理されることはなく終戦を迎えたのである。

そして「長門」は一九四六年七月に実施される原子爆弾実験に、標的艦の一隻として加わることになったのである。この実験はクロスロード作戦と呼ばれ、原子爆弾が艦船におよぼす効果を確認する目的であった。

実験はA実験とB実験に分かれ、A実験は空中爆発時の艦艇に対する威力確認、B実験は水中爆発時の艦艇におよぼす爆発力であった。この実験の標的艦となるために「長門」は一部稼働の機関を駆動させ、時速四ノットで実験場のマーシャル

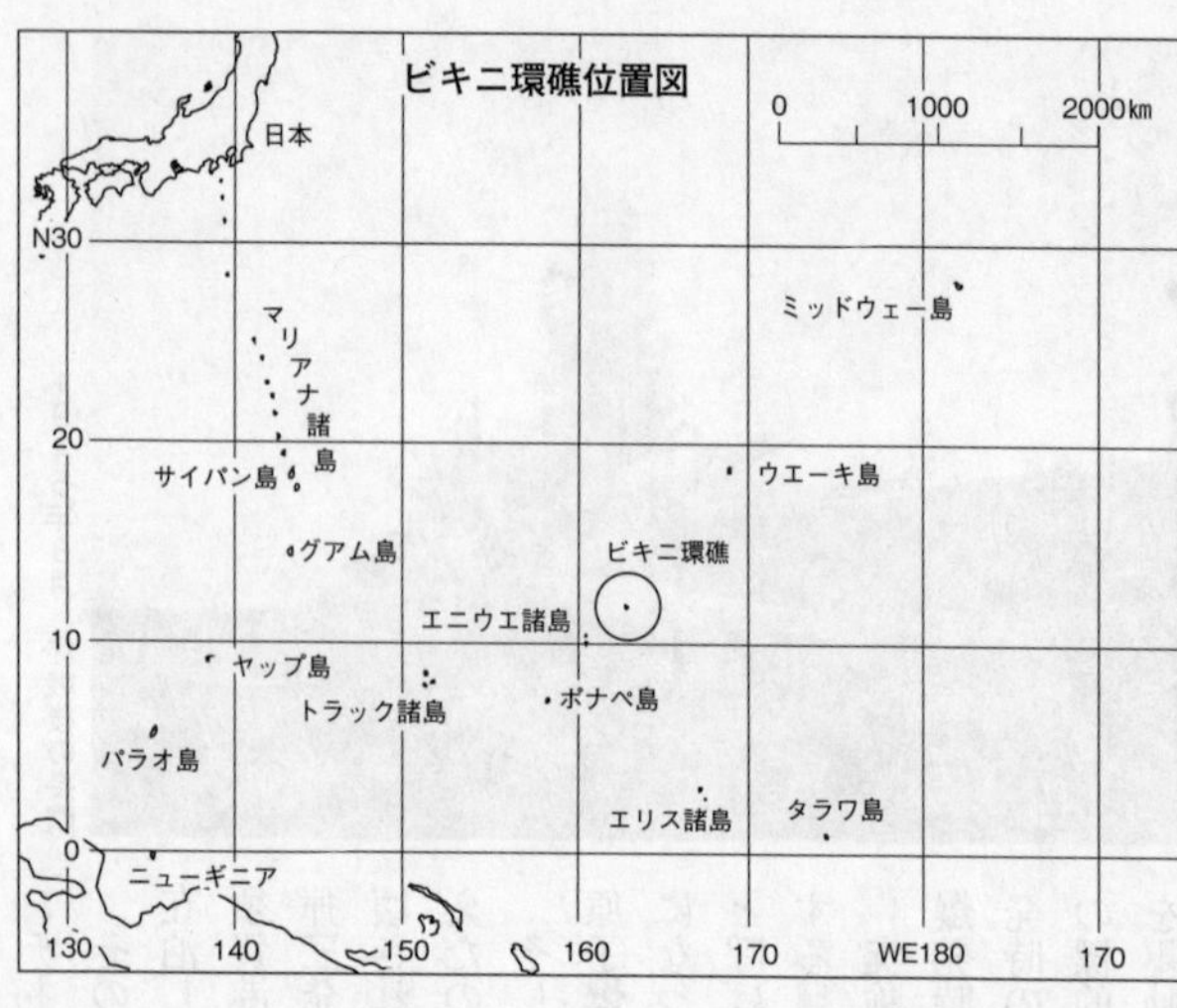

諸島北部のビキニ環礁まで米軍の手により移動したのであった。

実験場となるビキニ環礁には多数の標的艦が集められていた。すべてが除籍された艦艇であった。大型艦には「長門」以外に、アメリカ海軍の戦艦ネヴァダ、ペンシルヴァニア、アーカンソー、航空母艦サラトガ、軽空母インデペンデンス、巡洋艦ペンサコラ、ソルトレークシティー、そしてドイツ海軍の重巡洋艦プリンツ・オイゲン、さらに日本海軍の軽巡洋艦「酒匂」もあった。

第一回実験のA実験は七月一日に実施された。原子爆弾はボーイングB29爆撃機から投下されたのだが、目標の戦艦ネヴァダを約四〇〇メートルはずれ、「長門」から一〇〇〇メートル離れた高度一五八メートルで爆発したのだ。

ビキニの原爆実験

この原子爆弾の空中爆発では大型艦のほぼすべては即時沈没をまぬかれたが、強力な爆風により船体の上部構造物のほとんどが大きく破壊されたのである。ただ駆逐艦などの小型艦艇の多数は爆風で転覆し沈没した。

第二回のB実験は七月二十五日に実施されたが、このとき原子爆弾は海面下二七メートルに設置され、遠隔操作で水中爆発を起こしたのであった(現在一般に知られているビキニ環礁における原子爆弾炸裂時の写真は、このときの水中爆発の写真である)。

海面下の爆発の結果、大規模な水中衝撃波により多くの大型艦艇が沈んだが、「長門」は舷側に打撃を受け、そこからの浸水により翌日に沈没したのである。そして同時にすべての大型艦も沈没したのであった。

このクロスロード作戦による原子爆弾の爆発は

史上四発目と五発目の炸裂なのである。一発目は一九四五年六月にニューメキシコ州アラモゴルドで実施された試験爆発、二発目は広島、三発目は長崎、そして四発目と五発目がクロスロード作戦での爆発だったのである。

この一連の原子爆弾の爆発実験により、広島型原子爆弾（TNT火薬一五キロトン級）の空中爆発の場合の艦船にあたえる威力は、衝撃波だけでは大型艦船を撃沈することは容易ではないが、その爆発中心点から少なくとも半径一〇〇〇メートル以内の艦艇の構造物は激しく破壊されることが証明された。また爆発にともない生じる飛散放射性物質の艦艇への付着が著しくなり、その後の使用が困難になることが証明されている。

現在、「長門」はビキニ環礁の浅海に船底を上にして上下逆さの状態で沈んでいる。

（注）ビキニ環礁は太平洋中央部の北緯一一度三一分、東経一六五度三〇分に位置する環礁で、マーシャル諸島共和国に属する。

軽巡洋艦「酒匂」

本艦は軽巡洋艦「阿賀野」型の四番艦として一九四四年十一月に佐世保海軍工廠で完成した。公試排水量七八九五トン、最高速力三五ノットの「酒匂」は、終戦時に日本海軍で唯一戦闘可能な無傷の状態で残存していた大型艦であった。

「酒匂」は竣工後、瀬戸内で乗組員の錬成が続けられており、当初姉妹艦の軽巡洋艦「矢

終戦後の酒匂

矧」とともに天号作戦の一環として、戦艦「大和」と沖縄に突入する計画であった。しかし、乗組員の練度不足から「酒匂」は除外されることになった。
その後「酒匂」は訓練のかたわら特攻機の目標艦としての任務を与えられたりしていたが、外洋に出撃する機会はないままに戦争の終結を迎えた。「酒匂」は敵艦載機の攻撃が激化するなかで、日本海側の舞鶴湾方面に避難し、最終的には樹木などで艦を覆い秘匿状態にあったのである。
無傷で稼働状態であった「酒匂」は主砲や高角砲の砲身は撤去され、一九四五年十二月に特別輸送艦に指定され、外地残留の日本軍将兵の帰還輸送に運用されることになったのである。本艦は内南洋やソロモン諸島、およびニューギニア方面に残留する日本陸海軍残留将兵の内地帰還輸送を行ない、一九四六年二月に任務解除となり、解体されることになっていた。
この残留日本将兵の帰還作業に際しては、本艦の魚雷発射管やカタパルトも撤去され、そこに木造の居住施設が仮設され帰還将兵を収容、さらに艦尾などの艦内の乗組員居住区が収容場

戦後、特別輸送艦となった鹿島

所となり、一度に一〇〇〇名以上の輸送を可能にしたのである。

本艦はその後、戦艦「長門」とともにアメリカの原子爆弾爆発実験クロスロード作戦の標的艦に選定され、六月に米海軍の手により自力航行で実験場所のビキニ環礁に向かった。「酒匂」はクロスロード作戦のA実験の際、原子爆弾が直上空中で爆発している。その結果、本艦の上部構造物はほとんど原形をとどめないほどに変形し、しかも外板の多くは爆発の高熱により溶解していたとされている。「酒匂」は爆発直後、大きく傾斜して浮かんでいたが、翌日、その姿は海面から消えていたという。

練習巡洋艦「鹿島」

本艦は三隻建造された「香取」型練習巡洋艦の二番艦として、一九四〇年五月に民間造船所の三菱造船横浜造船所で竣工した。完成後、少尉候補生の国内および中国方面の周回訓練航海を行なったが、太平洋戦争の勃発を前に「鹿島」は連合艦隊第四艦隊旗艦に指定された。

開戦後、「鹿島」はサイパン島やトラック島基地から艦隊の指揮にあたっていたが、一九四三年から瀬戸内で練習戦隊旗艦として運用されていた。その後、本艦は一九四五年一月からは船団護衛の任務を務めていたが、五月以降は日本海側の若狭湾や七尾湾方面での退避状態が続いていたのである。

本艦は終戦時に無傷で残存していたために、ただちに残留将兵の復員輸送の任務につき、最優先で救助を待つ内南洋の孤島ヤルート島などに派遣され、飢餓状態の残留日本軍将兵の日本への帰還作業を行なった。

「鹿島」は多くの士官候補生を収容するために艦内の居住区には余裕があり、一回の輸送で一六〇〇名前後の将兵の復員作業が可能であった。最終的には一二回の帰還輸送を実施し、合計一万九〇〇〇名以上の将兵の輸送を行なった。そして任務終了後の一九四六年十一月に本艦は解体された。

航空母艦「鳳翔」

本艦は日本海軍が初めて建造した航空母艦で、一九二二年（大正十一年）十二月に民間造船所の浅野造船所で完成した。正規の航空母艦として最初に建造が開始されたのはイギリス海軍の航空母艦ハーミーズであったが、その完成は「鳳翔」の後になり、本艦は世界最初の正規航空母艦というタイトルを獲得したのである。

終戦後の鳳翔

「鳳翔」は搭載航空機の進化により飛行甲板の拡張などが続けられ、最終的な公試排水量は一万七九七トン、飛行甲板の全長は一八一メートル、全幅は二二メートルとなった。しかし、本艦の最高速力は二四・七ノットであり、新鋭の艦上機の搭載はエレベーターの寸法や速力などから無理となり、太平洋戦争後半からは瀬戸内で艦載機搭乗員の練習機による発着艦訓練艦として運用されていた。

本艦は一九三二年（昭和七年）一月に勃発した第一次上海事変で初めて航空母艦として実戦に参加したが、太平洋戦争勃発時点では零式艦上戦闘機や九九式艦上爆撃機の搭載は不可能で、旧式の九六式艦上攻撃機を搭載し対潜哨戒などの任務についていた。またミッドウェー海戦時には九六式艦上戦闘機九機と九六式艦上攻撃機六機を搭載し、戦艦隊で構成された主力戦隊の護衛任務にあたっていた。

終戦時、「鳳翔」は無傷で呉で残存していた。このために海外残留日本兵の復員輸送艦に指定され、格納庫を多数の将兵の収容場所とし、ニューギニア島、ボルネオ島、スマトラ島方面

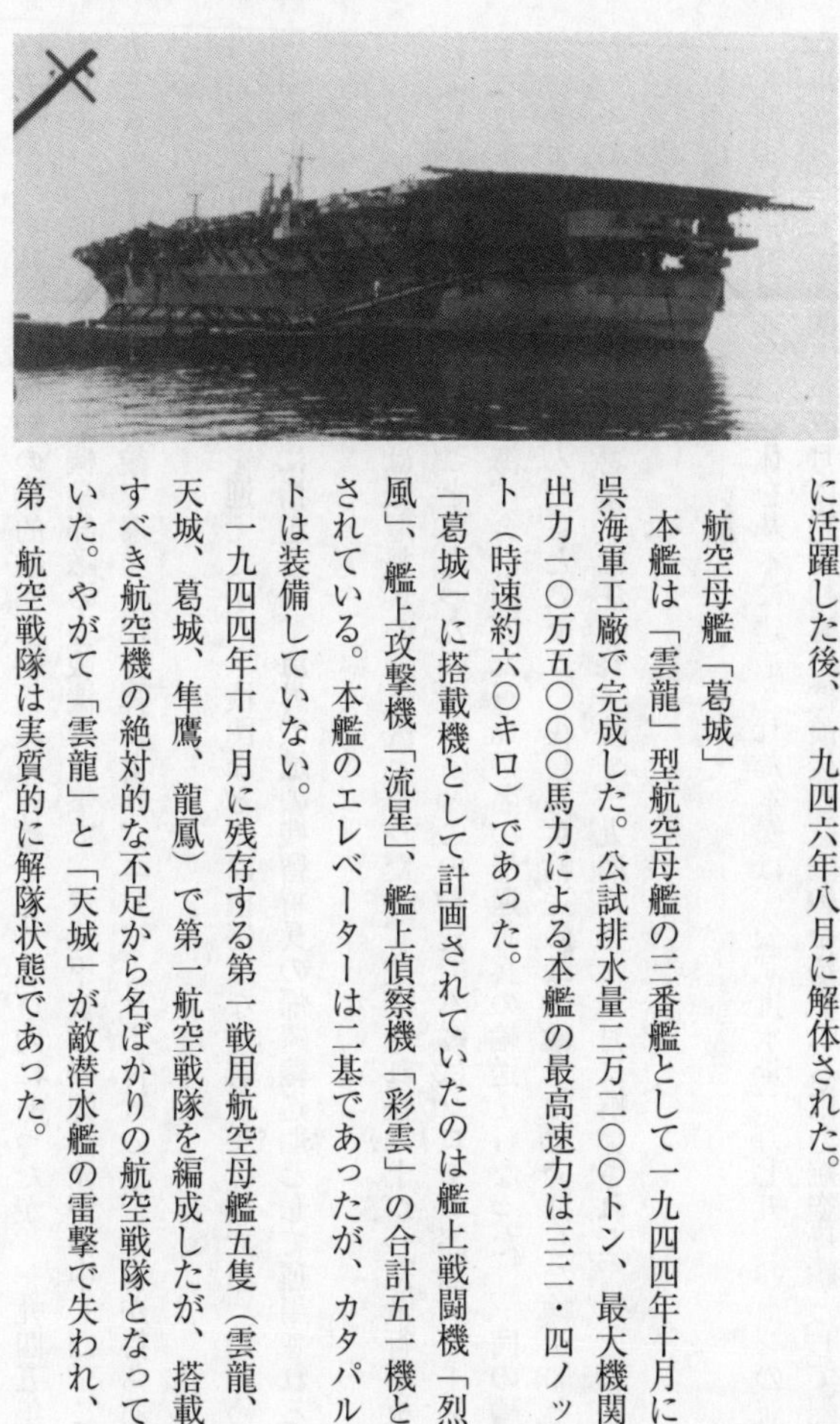
1945年10月、戦後の葛城

に九回の航海を実施した。本艦は四万名以上の帰還将兵の輸送に活躍した後、一九四六年八月に解体された。

航空母艦「葛城」

本艦は「雲龍」型航空母艦の三番艦として一九四四年十月に呉海軍工廠で完成した。公試排水量二万二〇〇〇トン、最大機関出力一〇万五〇〇〇馬力による本艦の最高速力は三二・四ノット（時速約六〇キロ）であった。

「葛城」に搭載機として計画されていたのは艦上戦闘機「烈風」、艦上攻撃機「流星」、艦上偵察機「彩雲」の合計五一機とされている。本艦のエレベーターは二基であったが、カタパルトは装備していない。

一九四四年十一月に残存する第一戦用航空母艦五隻（雲龍、天城、葛城、隼鷹、龍鳳）で第一航空戦隊を編成したが、搭載すべき航空機の絶対的な不足から名ばかりの航空戦隊となっていた。やがて「雲龍」と「天城」が敵潜水艦の雷撃で失われ、第一航空戦隊は実質的に解隊状態であった。

その後「葛城」は特攻機の標的艦や乗組員の訓練艦として瀬戸内にあったが、一九四五年七月の呉方面の大規模な敵機動部隊の艦載機の攻撃で、飛行甲板に爆弾三発が命中した。このとき前部エレベーター直後で爆発した爆弾により、エレベーター付近の飛行甲板が持ちあがったのである。

「葛城」はこの状態で終戦を迎えたが、主機関などには損傷はなく航行が可能であったために同年十一月に特別輸送艦に指定され、海外戦域の残留将兵の帰還輸送船として運用されることになった。

このとき本艦の飛行甲板は帰還将兵の居住区となったが、破壊され盛り上がった飛行甲板は未修理のままで航行することになったのである。この輸送で本艦はソロモン諸島、オーストラリア、仏印方面に八航海、合計四万九三九〇名の帰還将兵の輸送を行なった。一回の輸送でおよそ六〇〇〇名を運んだことになり、復員将兵輸送の最大輸送力を発揮した輸送船となったのである。そして「葛城」は任務終了後、一九四六年十二月に解体された。

航空母艦「隼鷹」

大型客船「橿原丸」の船体を基本に建造された本艦は、公試排水量二万七五〇〇トンの航空母艦として一九四二年五月に完成、五〇機前後の航空機を搭載する主力航空母艦として配置についた。

1945年9月、戦後の隼鷹

初戦のアリューシャン作戦以後、本艦は第三次ソロモン海戦やマリアナ沖海戦に参加、歴戦の航空母艦であったが、一九四四年十二月に長崎野母崎沖で敵潜水艦の雷撃で魚雷二発が命中、沈没はまぬかれたが艦首直下の一部船体が千切れとび、船体中央部の機関室に浸水した。

終戦時、「隼鷹」は佐世保に在泊中で艦首の修理は終わっていたが、機関室の修理がいまだ完了しておらず航行不能の状態にあった。そして本艦は帰還将兵の輸送に加わることができず、一九四六年六月に解体された。

巡洋艦「八雲」

本艦は一九〇〇年（明治三十三年）六月にドイツのシュテッチン・フルカン造船所で建造された、二〇センチ連装砲二基を搭載した基準排水量九六九五トンの日露戦争当時の装甲巡洋艦である。

「八雲」はその後、海防艦に編入されたが、戦前の一時期は練習艦として少尉候補生を乗せ、世界一周の遠洋航海などを行な

特別輸送艦八雲

っていた。太平洋戦争中は艦種の類別変更で一等巡洋艦に区分されているが、一九四五年(昭和二十年)には主砲を撤去し、そこに一二・七センチ連装高角砲を配置するなど、浮かぶ砲台として活用されていた。

「八雲」は一九四五年十二月に特別輸送艦に指定され、残留将兵の帰還輸送に使われることになった。ただし船体の老朽化のために本艦は台湾や中国などの近距離区域からの将兵の帰還輸送にのみに運用され、翌一九四六年七月に解体された。


潜水母艦「長鯨」

本艦は潜水母艦として一九二四年(大正十三年)八月に三菱造船長崎造船所で竣工した。公試排水量七六七八トンの「長鯨」は、日本海軍が最初に保有した潜水母艦であった。

太平洋戦争開戦当時、本艦は第三艦隊の第六潜

潜水母艦長鯨

水戦隊の旗艦として任務につき、一九四三年一月からは第七潜水戦隊旗艦としてラバウルに進出していた。その後、瀬戸内にもどり練習艦と輸送艦を兼ねた任務に従事していたが、やがて舞鶴湾で無傷で終戦を迎えた。

「長鯨」は一九四五年十一月に外地残留の将兵の帰還輸送のための特別輸送艦に指定され、南方方面各地からの帰還輸送を展開した。その輸送回数は九回に達し、約二万名の日本軍将兵の輸送を行なった。その後、一九四六年八月に解体された。

小型艦艇

駆逐艦

太平洋戦争で活躍した日本海軍の正規駆逐艦は一一型式一六八隻に達したが、このなかで終戦時にまがりなりにも稼働状態で残存していた艦は、わずかに二八隻に過ぎなかったのである。

なかでも特型駆逐艦の「初春」型（六隻）、「白露」型（一〇隻）、「朝潮」型（一〇隻）、「夕雲」型（二〇隻）の残存艦は皆無であった。また特型駆逐艦を代表する「陽炎」型（一八隻）

の残存艦は一隻で、防空駆逐艦として期待された「乙」型（一二隻）は残存艦六隻であったが、その中の二隻は破損状態にあり稼働不能だった。

また戦時量産型の「松」型（一八隻）と「橘」型（一四隻）も、残存艦は一七隻という状態であった。つまり日本海軍の駆逐艦戦力も終戦時にはほぼ壊滅状態にあったのである。

そして残存し稼働状態の駆逐艦は全数が戦争賠償艦としてアメリカ、イギリス、中国（中華民国）、ソ連に譲渡されているのである。ただアメリカとイギリスに譲渡した駆逐艦はそのすべてが譲渡直後に解体処分され、中国とソ連に譲渡された艦はほとんどがその後、両国海軍で正規の駆逐艦や雑役艦として運用されていたようである。

特型駆逐艦「雪風」

「雪風」は「陽炎」型駆逐艦として一九四〇年（昭和十五年）一月に佐世保海軍工廠で完成した。本艦は基準排水量二〇三三トン、最大出力五万二〇〇〇馬力の蒸気タービン機関により二軸を推進、最高速力三五・五ノットを発揮した。

「雪風」は戦争勃発直後のスラバヤ沖海戦を初陣とし、その後ガダルカナル島をめぐる攻防戦やマリアナ沖海戦、レイテ沖海戦など日本海軍の主要海戦のほとんどに参加した。大戦末期の一九四五年四月に決行された戦艦「大和」を主力とする沖縄突入作戦に本艦は護衛艦として投入されたが、この作戦を含めていずれの海戦においても大きな被害を受けることはな

（上）特別輸送艦雪風、（下）中華民国駆逐艦丹陽

かった。第一線駆逐艦としてただ一隻だけ残存した、まさに「奇跡の駆逐艦」という存在であった。「雪風」は終戦時、日本海側の宮津湾に退避しており、ここで無傷で終戦を迎えたのである。

そして本艦は武装をすべて撤去し、残留将兵の輸送艦としてラバウル、ポートモレスビー、サイパン、バンコクなどへ派遣され、総計一万二〇〇〇名の将兵の日本への帰還輸送にも活躍したのであった。なお本艦がラバウルから日本へ輸送した帰還兵の中には著名な漫画家、水木しげる氏がいた。

帰還将兵の輸送が終了した時点で「雪風」は賠償艦として中華民国に

引き渡された。本艦は一九四七年七月に上海に移り、その後、駆逐艦「丹陽（タンヤン）」と改名され、武装は米軍仕様の五インチ単装砲三基、ボフォース四〇ミリ連装機関砲四基を搭載し、中華民国海軍の旗艦として活動することになったのである。

本艦はその後、台湾・中華民国が大陸の中華人民共和国と大陸沿岸の金門島近海で対峙するなかで、中華人民共和国軍との砲撃戦を展開し中華民国海軍の武勲艦ともなっているのである。

一九七〇年（昭和四十五年）、本艦は老朽化のため解体されたが、舵輪は江田島の海上自衛隊教育参考館に、錨は同島の海上自衛隊幹部候補生学校の校庭に記念品として保管されている。


「乙」型駆逐艦「涼月」「冬月」「宵月」

この三隻の駆逐艦は通称「秋月」型（「乙」型駆逐艦）として建造された艦である。「乙」型の公試排水量三四七〇トンは駆逐艦としては世界最大級である。

「涼月」は同型の三番艦として一九四二年十二月に三菱造船長崎造船所で完成した。その後、「涼月」は第十戦隊麾下の駆逐隊の一艦として防空艦としての任務を帯びながら活動した。

一九四五年四月の沖縄突入作戦では戦艦「大和」の護衛艦として任務にあたり、敵艦載機の攻撃で本艦も被弾、かろうじて佐世保に帰還したが、その後応急修理が施され、浮かぶ防空

戦後の涼月

砲台としての任務についたまま終戦を迎えた。
　戦後の連合軍側の判定から、「涼月」は艦艇としての任務を続行することは不可能と判断されて戦争賠償艦リストからはずれ、後に北九州港の整備工事に際し沈下されて防波堤の基礎の一部として活用されることになった。このように戦後の港湾整備工事にあたり、沈められて防波堤の基礎として使われたものに旧式の「峯風」型駆逐艦「汐風」や「夕風」がある。
「冬月」は「秋月」型の八番艦として一九四四年五月に舞鶴海軍工廠で完成した。その後本艦は乗組員の練度不足から輸送任務を担当し、小笠原諸島や硫黄島、さらに沖縄方面への緊急輸送に運用されていた。
　一九四五年四月に決行された沖縄突入作戦に本艦は姉妹艦「涼月」とともに参加した。この戦闘で本艦の損傷は軽微ですみ、その後は佐世保基地などで浮かぶ防空砲台として活用された。しかし終戦直後に門司港で磁気機雷の爆発により艦尾切断の被害を受けた。このために本艦は戦争賠償艦のリストからはずれ、その後一九四八年五月に北九州の若松港の防波堤の基礎として僚艦「涼月」とともに沈められた。

「宵月」は一九四五年一月に横須賀海軍工廠で完成した。しかしこの時点では本艦を活用するすべはなく、沖縄突入作戦にも乗組員の練度不足から投入することもできず、そのまま横須賀基地で防空砲台としての存在となった。

終戦時、「宵月」は無傷の状態であり、同年十二月に稼働艦艇の一隻として帰還将兵輸送用の特別輸送艦の指定を受け、南方方面からの残留将兵の帰還輸送に従事した。

その後、一九四七年八月に「宵月」は戦争賠償艦として中華民国に引き渡され、同国海軍の駆逐艦「汾陽（フェンヤン）」となって活動したが、内戦により中華民国政府が台湾に移ることにより本艦も台湾に移動した。しかし稼働状況は優れず、同国海軍は本艦を練習艦としてあつかい、一九六三年に退役し解体された。

「松」型、「橘」型駆逐艦

両型駆逐艦はいわゆる戦時急造駆逐艦といえる艦である。両型に大きな差異はなく合計三二隻が完成したが、終戦時に稼働状態で残存していたのは一七隻に過ぎなかった。そしてこれら全艦は特別輸送艦に指定され、一九四五年十二月以降、内南洋、中国、東南アジア各方面からの残留日本将兵の母国への帰還輸送に駆使された。

（上）戦後の松型駆逐艦欅、（下）海上自衛隊警備艦わかば

各艦の武装はすべて撤去され、上甲板上の魚雷発射管跡などには仮設の木造の居住設備が組み上げられ、艦内の兵員居住区域も含め帰還将兵の宿泊場所として使用された。一隻あたりの乗船者数は二〇〇〜三〇〇名前後と推定されるが、全艦の一往復の輸送力は四〇〇〇名を超え、最終的には「松」「橘」型駆逐艦による帰還将兵の数だけでも三万名前後に達したと推定されるのである。

残存した両型駆逐艦のすべては戦争賠償艦としてアメリカ、イギリス、ソ連、中国（中華民国）に引き渡されたが、アメリカとイギリスに移った艦のすべてはその後ただちに解体されている。ただ中国とソ連へ移籍した艦はその後も両国海軍で特務艦や雑役艦として運用されていたようであるが、その詳細は不明である。

なおこのクラスの駆逐艦には残存一七隻以外に一隻の例外艦が存在するのである。それは「橘」型の「梨」である。本艦は一九四五年三月に川崎造船神戸造船所で完成した。公試排水量一五八〇トンの「梨」は就役後、瀬戸内で訓練を展開していたが、同年七月に山口県柳井沖で磁気機雷の爆発で艦底を損傷し沈没した。

戦後の一九五四年九月にスクラップ使用目的で引き揚げられたが、状態が良好であったために改修後、海上自衛隊に譲渡されたのである。

その後、本艦は海上自衛隊の警備艦「わかば」として復旧、以後レーダーを含めた各種艦載新兵器の実験艦として運用されたのである。そして一九七一年三月、「わかば」は老朽化のために除籍、解体された。

海防艦

海防艦という艦種は、従来は老朽化した装甲巡洋艦などの旧式主力艦にあたえられていた総称的なものであったが、一九四二年に新たに採用された艦種類別区分に際し、明確に特定の海域の警備などを担当する艦にあたえられる呼称と定められた。その目的で一九四〇年に完成したこの種の「占守」型警備艦を、その後海防艦と呼称するようになった。そして以後、船団護衛に適任な「占守」型海防艦を基本に新たな形態の護衛艦が開発され、これら艦種をすべて海防艦と呼称するようになったのである。

太平洋戦争中に海防艦は六型式合計一七〇隻が建造され、そのすべてが船団護衛に運用されたのである。その結果は壮絶なものとなり、終戦時に残存していた海防艦は九〇隻で、約半数の海防艦が戦没したのであった。

建造された各型式の海防艦と終戦時残存海防艦はつぎのとおりであった。

「占守」型　建造四隻　終戦時残存一隻
「択捉」型　建造一四隻　終戦時残存八隻
「御蔵」型　建造八隻　終戦時残存三隻
「鵜来」型　建造二九隻　終戦時残存二一隻
「丙」型　建造五二隻　終戦時残存二一隻
「丁」型　建造六三隻　終戦時残存三六隻

これら終戦時に残存した九〇隻の海防艦のその後には興味深いものがあるので、以下にその様子を紹介する。

（上）海防艦志賀、（下）海上保安庁巡視船こじま

終戦時残存していた海防艦の中で損傷していた艦は、その後日本で解体されたが、その数は二四隻に達した。また残りの六六隻のうち五隻は日本にとどまり、後に海上保安庁の気象観測船に改装された。そして六一隻は戦争賠償艦としてアメリカ、イギリス、ソ連、中国に譲渡されている。その内訳はつぎのとおりである。

アメリカ　一三隻
イギリス　一五隻
ソ連　一六隻
中国（中華民国）一七隻

このなかでアメリカとイギリスに

移管された艦はすべて解体されたが、ソ連と中国に移管された艦はそれぞれの海軍で警備艦や雑役艦などとして長く使われていたのである。

なお日本に残った五隻の「鵜来」型海防艦のその後はつぎのようになっている。

「鵜来」海上保安庁の気象観測船「さつま」となる。一九六五年に解役、後解体。

「生名」海上保安庁の気象観測船「おじか」となる。一九六三年に解役、後解体。

「竹生」海上保安庁の気象観測船「あつみ」となる。一九六二年に解役、後解体。

「新南」海上保安庁の気象観測船「つがる」となる。一九六六年に解役、後解体。

「志賀」海上保安庁の気象観測船「こじま」となる。一九六五年に解役。後千葉市の稲毛海岸に係留され千葉市海洋公民館「こじま」となる。長く市民に親しまれていたが、老朽化のために一九九七年（平成九年）に解体された。艦齢五〇年という長寿艦であった。

「鵜来」型海防艦は基準排水量九七〇トン、最高速力一九・五ノットの主力海防艦であったが、海上保安庁に移籍した後は既存の上部構造物は撤去され新たな構造物が組み上げられた。

これら五隻の気象観測船は本州のはるか東方海上に常時二隻あるいは三隻が派遣され、定点観測を実施、気象レーダーや人工衛星による気象観測が実用化されるまで、日本の気象観

14号駆潜艇（13号型）

測の基本を担う極めて重要な任務を帯びていたのである。この五隻の気象観測船の船名は、御高齢の日本人であれば一度は聞いたことがある名前なのであった。

駆潜艇

駆潜艇は文字どおり潜水艦探索・攻撃用の近海用の小型艦艇で、日本海軍は合計六一隻の駆潜艇を保有していたが、その主力は十三号型と二十八号型であった。両艇は規格と性能には大きな差異はなく、十三号駆潜艇は公試排水量四六〇トン、最高速力一六ノットで、水中聴音器と水中探信儀（ソナー）を装備し、爆雷投射器を搭載して潜水艦の探索と攻撃に重用されていた。また本艇は航洋性能にも優れていたために船団護衛にも運用される機会が多かった。

日本海軍の六一隻の駆潜艇のうち終戦時に残存していたのはわずか一七隻に過ぎなかった。これら駆潜艇はその後一二隻が海没または解体処分され、五隻がアメリカ、イギリス、中国（中華民国）、ソ連に戦争賠償艦として移管された。しかしアメリカとイギリスに移管された駆潜艇は直後に解体処分されたが、中国とソ連に渡った駆潜艇はそのまま両国海軍の特務艇などとして運用されたようである。

砲艦

日本海軍は合計一九隻の砲艦を保有していた。その内訳は日本で建造された艦が七型式一三隻で、他に鹵獲した外国籍の砲艦が六隻在籍した。これら砲艦はすべて揚子江沿岸警備のために活動することが任務であり、ほとんどが中国の揚子江の中流域から下流域を行動範囲としていた（ごく一部の艦はときには海洋沿岸警備にも運用された）。

終戦時残存していた日本建造の砲艦は九隻で、一隻は大破状態のために解体され、残り八隻は中国に移管された。しかしその直後の内戦の結果、この八隻はすべて中華人民共和国籍となり、その後の消息は不明である。

特務艦艇

日本海軍には直接戦闘に参加する戦艦、巡洋艦、航空母艦などの主力艦や、その他の艦艇に区分され、同じく直接戦闘に参加する駆逐艦や潜水艦あるいは海防艦などのほかに、直接戦闘には参加しない特務艦に類別される艦がある。そのなかには工作艦、運送艦、砕氷艦、測量艦、さらに特務艇として駆潜特務艇や哨戒艇、掃海特務艇や魚雷艇などが存在する。

特務艦艇に関しては艦種が多岐にわたるために、ここでは終戦後も多くの活躍を見せた艦艇についてのみ紹介することにした。

輸送艦

太平洋戦争中に在籍した後方支援以外の第一戦で活用された輸送艦と称する艦は、戦時中に建造された一等輸送艦と二等輸送艦だけである。両艦は太平洋戦争勃発後に開発、建造された艦種で特務艦に類別されるが、実質的には直接戦闘の場面に投入される艦である。したがって銃砲も装備され、実際に二種類の艦は激戦地に派遣されてその多くが敵の攻撃で戦没しており、終戦時に残存していた艦は少数であった。

一等輸送艦も二等輸送艦もガダルカナル攻防戦がきっかけで開発された強襲型輸送艦で、敵の制海権と制空権の下にある味方の陣営に武器、弾薬、糧秣、さらには戦闘車両などを強行して送り込むことを任務とする輸送艦である。

一等輸送艦は補給物資とこれを強行揚陸する特型発動機艇四隻を搭載し、揚陸地点で物資を搭載した発動機艇を発進させて物資を送り届けることを任務とする艦である。また二等輸送艦は艦を海岸に強行着岸させ、戦車や火砲、また補給物資をすみやかに揚陸させることを目的とした輸送艦である。このためにこの二種類の輸送艦の武装は高角砲や対空機銃などが強化されていた。

一等輸送艦の最大の特徴は甲板上に搭載した大型運貨船（大型上陸用舟艇）をスロープ状の艦尾からすみやかに海面に降ろす特有の構造となっていた。また二等輸送艦はアメリカの戦車揚陸艦（ＬＳＴ）とまったく同じ構造の輸送艦であった。

一等輸送艦

一等輸送艦は公排水量一八〇〇トン、最高速力二二ノット、補給物資二二〇トンのほか、甲板上に特型運貨船四隻を搭載した。

本艦の設計は一九四三年（昭和十八年）から開始され、第一号艦の完成は一九四四年二月以降であった。終戦までに二一隻が完成し、ただちにレイテ島逆上陸作戦に投入されたが、終戦時に残存していた艦は五隻に過ぎず、一六隻が戦没した。戦後残存した五隻の中の一隻はその後座礁で失われ、実際の残存艦は四隻であった。

これら四隻は占領軍最高司令部（ＧＨＱ）の許可の下で、戦後まもなく特殊な用途に運用されたのである。四隻は大洋漁業社に三隻、極洋捕鯨社に一隻が貸与され、それぞれ金華山沖と小笠原海域を中心とした捕鯨に転用されたのであった。このとき本艦の船体後部のスロープが活用され、捕獲したクジラをこの傾斜を利用して甲板上に引き揚げ、解体処置を行なったのである。

その後一九四七年に一隻がソ連に、一隻が中国に、一隻がイギリスに、一隻がアメリカに

（上）一等輸送艦、（下）一等輸送艦艦尾のスロープ

二等輸送艦

戦争賠償艦として移管されたが、アメリカとイギリスに移管された二隻はただちに日本で解体された。

二等輸送艦

公試排水量九六〇トン、最高速力一六ノットの二等輸送艦は戦車五両と物資八〇トン、または物資二二〇トンの搭載が可能であった。

本艦は一九四四年三月以降に完成し、終戦までに合計四八隻が完成した。完成した艦はただちに実戦の場に投入された。それはペリリュー島、サイパン島、レイテ島、硫黄島などで、攻防戦前の物資補給に投入されたが三八隻が戦没している。

終戦時残存していた艦は一〇隻で、六隻が解体され、戦争賠償艦として中国に一隻、ソ連に一隻、イギリスに二隻が移管されたが、イギリスに移管された二隻は移管後ただちに日本で解体され、日本に残された艦はなかった。

運送艦

特殊な存在の輸送艦が終戦時に無傷で残存していた。艦名は「宗谷」である。本船の本来の姿はソ連向けに建造された中型貨物船である。一九三六年に日本はソ連から三隻の二〇〇〇総トン級の貨物船三隻の建造依頼を受けた。三隻は一九三八年に完成したが、ソ連の意向で引き取りは中止されたのである。三隻は日本の海運会社が購入し運航することになったが、その中の一隻に「地領丸」があり一九三九年に海軍がこれを購入し、運送艦として運用することにした。その艦名が「宗谷」であった。

「地領丸」は総トン数二二二四トン、最大一四五〇馬力のレシプロ機関による最高速力は一二・一ノットであった。海軍は本船を運送艦とし武装を施し（最終的な武装は八センチ単装高角砲一門、二五ミリ機銃五梃、一三ミリ機銃三梃）、その行動は北は千島方面から南は内南洋方面に至ったが、運送艦としてばかりでなく海洋測量艦としての任務も持たされていた。本艦の艦首が砕氷構造であるために北洋方面で航行が可能で、広範囲の海域での運用が可能な重宝な艦であったのである。

終戦時、本艦は室蘭港に無傷で在泊していた。その後海軍籍を離れ大蔵省所管となり、特別輸送船として残留邦人の輸送に運用され、内南洋、仏印、上海方面からの将兵や民間人約一万九〇〇〇名の引き揚げ輸送に貢献した。

その後、本船は新設された海上保安庁所有となり大型巡視船兼灯台補給船として活用され

（上）灯台補給船宗谷、（下）南極観測支援船宗谷

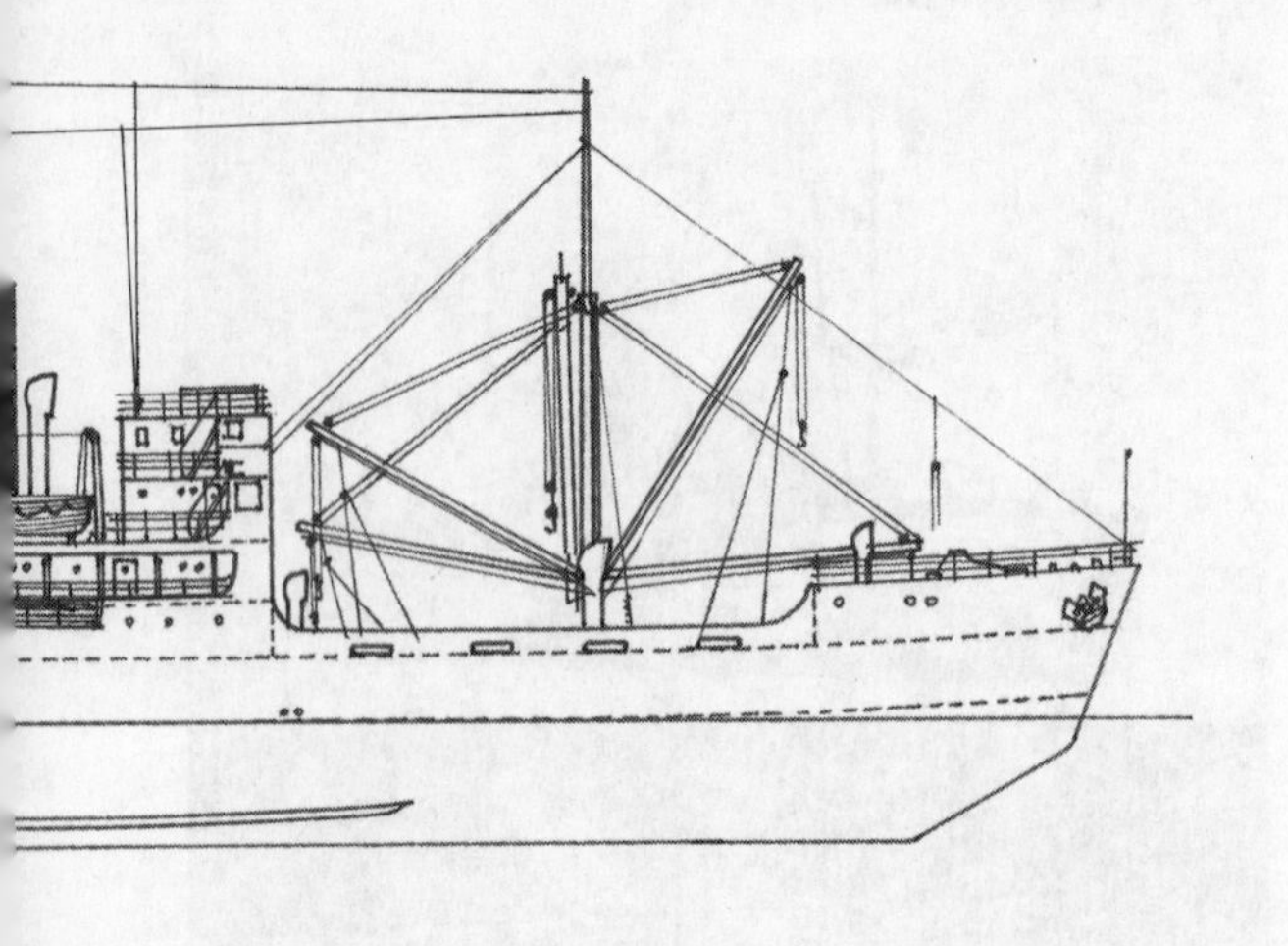

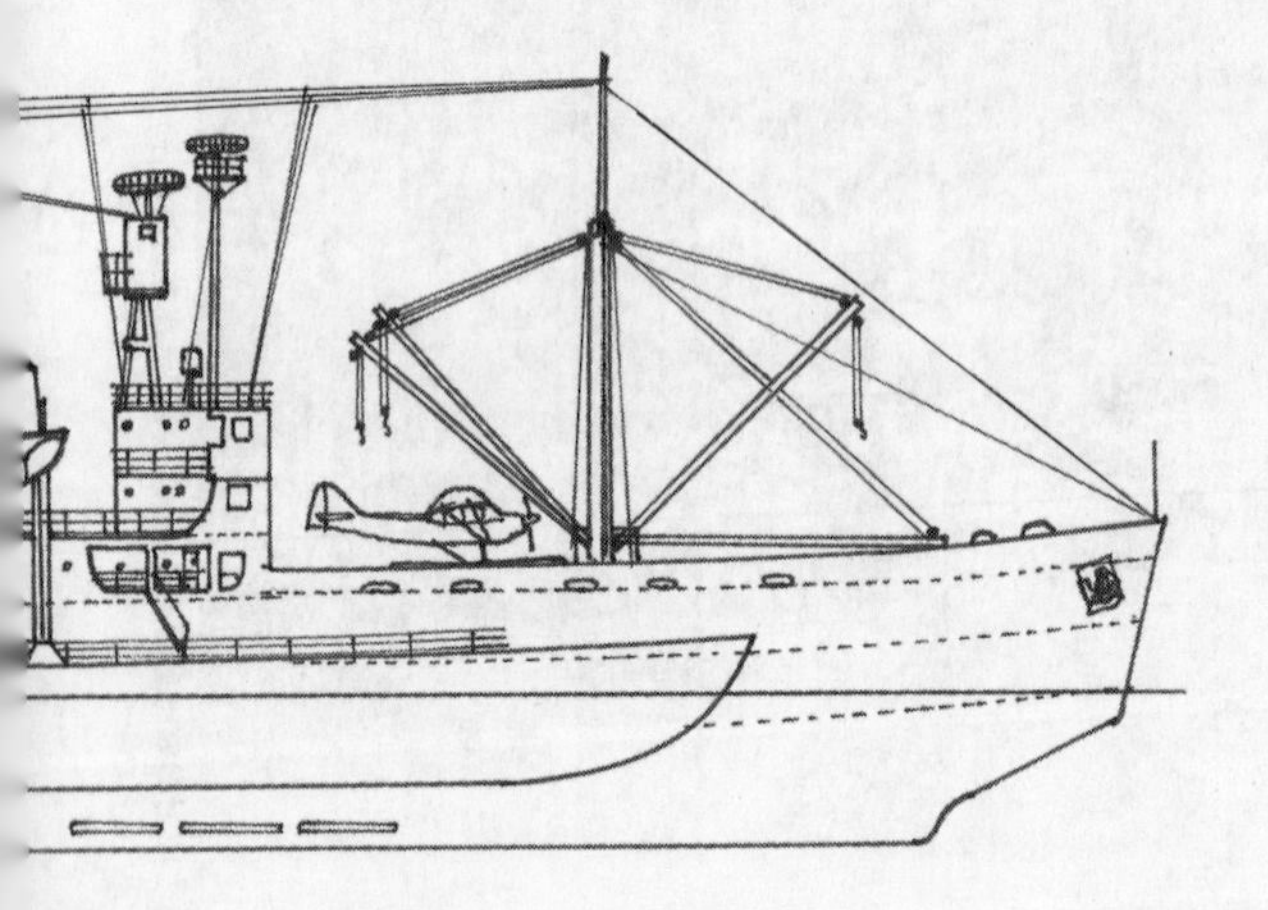

貨物船地領丸

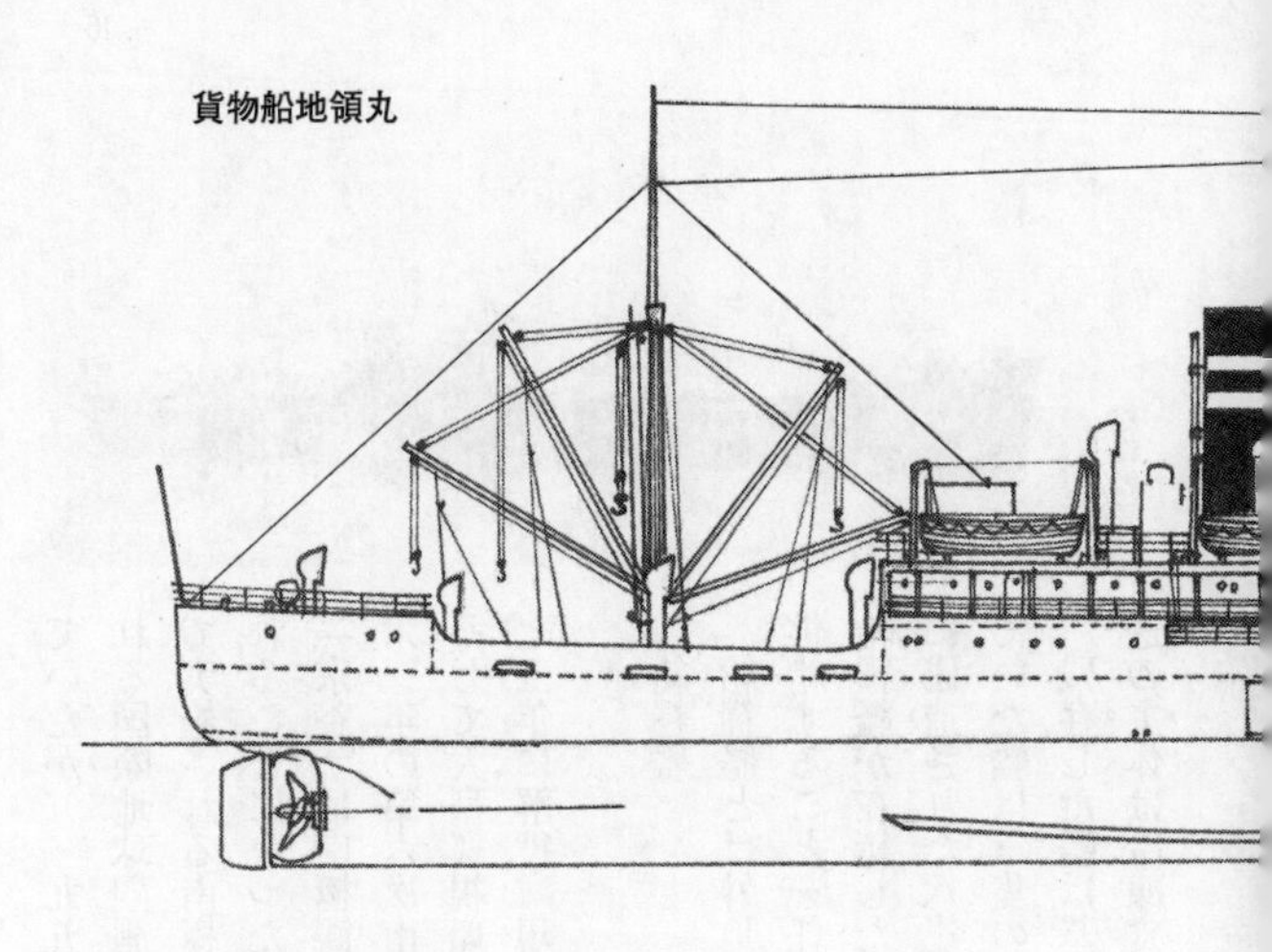

南極観測支援船宗谷（第3次改造後）

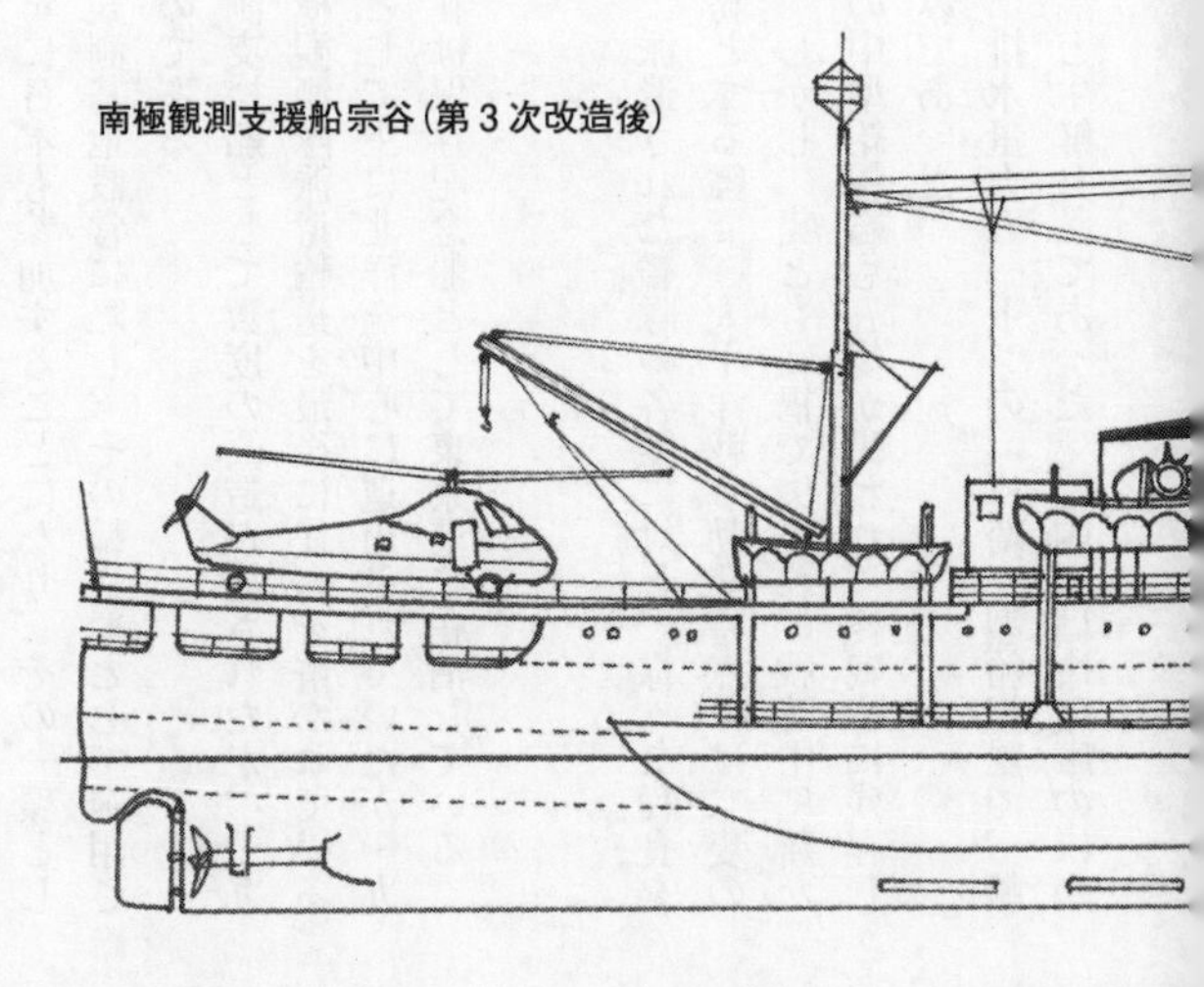

給糧艦荒崎

ていたが、一九五六年（昭和三十一年）から翌年にかけて実施される国際地球観測年に日本も参加することになり、その一環として実施される南極観測基地設営に際し、その輸送船として運用されることになったのである。

「宗谷」は南極観測支援船として数度の改造が施されたが、一九六一年の第六次南極観測隊派遣輸送を最後に任務を解かれている。そして大型巡視船として主に北洋を中心に運用されていたが一九七三年に解役、現在は保存記念船として東京港に在泊している。

給糧艦

給糧艦とは外地に派遣された艦隊の各艦に対し、様々な糧食を供給することを任務とする艦で、太平洋戦争勃発時点には二隻の給糧艦が在籍した。しかし二隻とも戦禍で失われ、戦時中に新たに建造された八隻の中型給糧艦も五隻が失われ、終戦時に残存していた艦は三隻のみであった。

残存した艦は基準排水量九五一トンの「杵崎」型給糧艦で、輸送の主体は冷凍食品と生鮮食品であった。艦内には冷蔵庫のほかに大容量の冷凍庫があり、肉類を中心に貯蔵量は八五トンであった。またその他に補給用真水七二トンも搭載した。

残存した給糧艦は「早崎」「白崎」「荒崎」の姉妹艦三隻で、「早崎」はソ連に、「白崎」は中国に、「荒崎」はアメリカにそれぞれ戦争賠償艦の一環として引き渡された。しかしその後「荒崎」は日本に払い下げられ、政府はこれを新設された国立水産大学の練習船として運用することにしたのである。「荒崎」は上部構造物を改造し練習船「海鷹丸」（初代）となり、学生の航海実習や漁業実習船として活躍し、一九五五年に新造練習船「海鷹丸」（二代目）が就役するまで運用された。

駆潜特務艇

日本海軍の小型特務艇は多数にのぼり、そのなかには敷設艇、防潜網敷設艇、敷設特務艇、哨戒艇、電纜敷設艇などが含まれていた。ここではそれらの中でも多数が在籍した駆潜特務艇を代表として述べる。

本艇は全長二九・五メートル、全幅五・七メートル、基準排水量一三〇トンの全木製の船体に最大出力四〇〇馬力のディーゼルエンジンを搭載し、最高速力一一ノットという小型艇であった。数梃の機銃と一〇個の爆雷を装備し、後には水中聴音器や水中探信儀も搭載して、

第170号駆潜特務艇

沿海に侵入する敵潜水艦を探知、攻撃することを任務とする武装艇であった。しかしその軽快な機動性から多くの用途に転用され、なかには一〇〇〇キロにおよぶ遠洋の船団護衛に使われることもあった。

一九四〇年以降、全国の木造造船所を動員して合計二〇三隻の本艇が完成し実戦に投入された。しかし八〇隻が戦闘で失われ、終戦時残存していたのは一二三隻であった。これらの残存艇は六六隻が破棄、あるいは漁船や雑役船として払い下げられたが、五三隻が新設された海上保安庁に移籍され巡視艇として活躍することになった。また二隻が中国に二隻がイギリスに引き渡された。

なお海上保安庁に移管された五三隻の中の相当数が、終戦直後から展開された日本沿岸に空中投下された磁気機雷の掃海に投入されている。政府は終戦直後に設置された復員庁内に設けられた特別掃海部が主体となり、日本沿岸に投下された磁気機雷の全面掃海を開始した。この作業には復員した海軍の掃海経験者が集められ、主に残存した駆潜特務艇を使って掃海を行なったのであった。

海上保安庁の五三隻の駆潜特務艇は全国の海上保安本部に配置され、その後一〇年前後にわたり巡視艇として活躍をつづけ、海上保安庁の功労船として評価される存在であった。

これら掃海特務艇は戦後海上保安庁の所属ではあったが、日本沿岸に戦時中に空中投下された磁気機雷の掃海に大きな功績を残したが、掃海中に唯一犠牲になった艇があった。それは海軍の第二〇二号掃海特務艇で、このとき同艇は掃海艇14号と呼称されていた。

本艇は朝鮮戦争の米軍の元山上陸作戦に先立ち実施された元山港周辺の掃海作業に投入されたのである。その最中の一九五〇年（昭和二十五年）十月十七日、掃海艇14号は磁気機雷の爆発で飛散し失われ、乗組員に犠牲者を出した。

測量船

海軍は艦艇に類別されない測量船という種類の船を保有していた。本船は海軍省直属の水路部所属であるために艦艇には類別されない。本船は海軍の各艦艇の航海に必須の海図や水路誌の作成の基本となる、海流、水深、潮位、気象や海岸陸地の形状などの基礎資料を収集・測量するために建造された船である。

測量船の船体は漁船型で基準排水量は二七七トン、四〇〇馬力のディーゼルエンジンを駆動し最高速力一一ノットを発揮した。ただ戦時中は護衛用として七・七ミリと一三ミリ機銃四乃至五梃を装備していた。

ベヨネーズ岩礁位置図

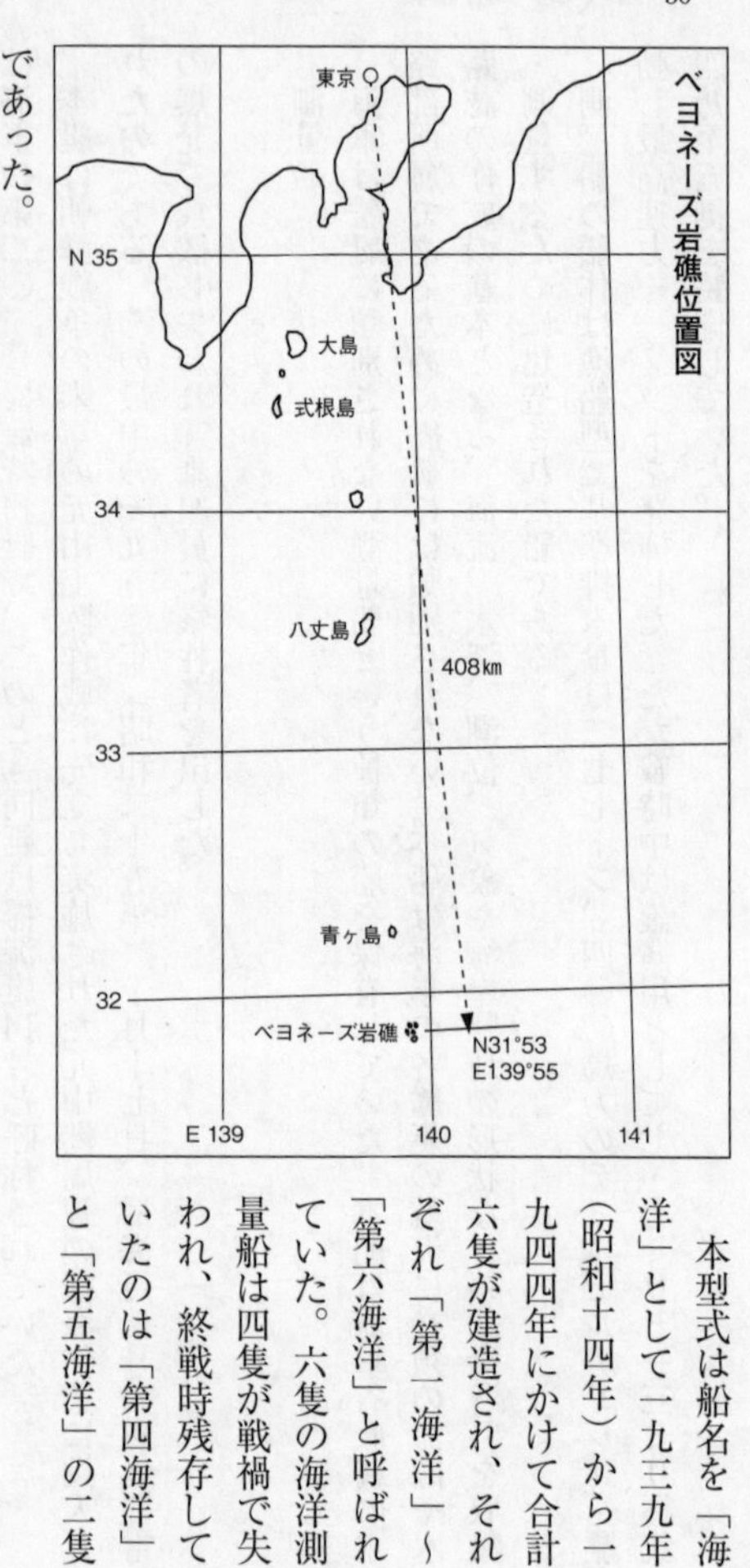

本型式は船名を「海洋」として一九三九年（昭和十四年）から一九四四年にかけて合計六隻が建造され、それぞれ「第一海洋」～「第六海洋」と呼ばれていた。六隻の海洋測量船は四隻が戦禍で失われ、終戦時残存していたのは「第四海洋」と「第五海洋」の二隻であった。

この二隻は海上保安庁の設立とともに同庁に船名も同じで移管され、その後も日本沿海の海洋観測に運用されていた。そうした一九五二年九月に事件が生じて「第五海洋」が失われたのである。

一九五二年九月十七日、操業中の漁船から、伊豆七島八丈島の南約一〇〇キロの位置にある明神礁（別称、ベヨネーズ列岩）で「海底火山が爆発している」との情報が海上保安庁に入った。

同庁の第三管区海上保安本部はただちに海洋観測船「第五海洋」を現地に派遣し、調査することになった。同船は九月二十三日に東京港を出港した。このとき同船には乗務員のほかに海洋学者や火山学者も乗り組み、乗船者の合計は三一名となっていた。明神礁は海底活火山の外輪山で、過去にも非周期的に爆発が起きていた。

東京港を出港した同船からは出港当日に一度定期連絡があったが、その後連絡が途絶えたのである。同船の明神礁海域への到着は九月二十四日と予定されていた。

消息不明となった「第五海洋」の捜索のために巡視船がただちに派遣された。また他の船も捜索に協力し、明神礁付近の海域を克明に捜索した。その結果、「第五海洋」の船体の一部と思われる残骸や搭載品らしき漂流物多数が、周辺海域から収集されたのであった。

その後の詳細な調査の結果、「第五海洋」は現地で調査中に船体後方の至近の位置で海底火山が爆発、その直撃に遭遇し船体は四散したものと推定されたのであった。この事件は世界の海難史上でも稀有の事例として記録されているのである。

救難船兼曳船

救難船兼曳船は艦艇区分の中では雑船に区分され、海軍省管轄となり艦艇には類別されない。海軍は戦争後半に二型六隻の救難船兼曳船を建造していた。そのうちの「立神」型の三隻はすべて戦没したが、「三浦」型の三隻は終戦時に残存した。

「三浦」型は総トン数九四六トン、最高速力一五ノットで、大型艦艇の曳航や救難作業が可能であった。しかしこれら三隻が完成したのは一九四四年末に近く、活動の場は日本周辺に限定されていた。そして戦争末期に日本沿海で触雷や艦載機の攻撃で行動不能になった艦艇の救助作業を主な任務としていた。

「三浦」型の第一船「三浦」は終戦時に無傷で残存しており、一九四八年の海上保安庁の創設にともない、翌年保安庁の巡視船として行動することになった。このとき同船は海上保安庁最大の巡視船として「PL01みうら」の呼称が与えられたのである。

本船の形状は典型的な曳船の姿であるが、戦時標準設計の流れを汲み船形や造りは第二次戦時標準設計を基本とした簡易構造となっていた。なお同型の他の二隻も終戦時に無傷で、民間サルベージ会社に移籍し終戦直後から機雷により破損した損傷船の引き揚げに活用されている。

その後「みうら」は舞鶴に新設された海上保安学校（後の海上保安大学校）の練習船として運用されたが、一九六九年に老朽化のため解体された。

第2章　陸軍上陸船

上陸用舟艇母船

日本陸軍は一九二八年（昭和三年）に、その後の上陸作戦で重用された上陸用舟艇「大発動艇」（通称、大発）を開発した。本艇は第二次世界大戦でアメリカが大量に運用した上陸用舟艇（LCVP）の基本にもなった傑作舟艇であった。

日本陸軍はこの上陸用舟艇多数を使い、一度に大規模な敵前上陸作戦が敢行できる上陸用舟艇母船の開発を進めた。そして完成した試作的な上陸用舟艇母船が「神州丸」であった。

「神州丸」は一九三五年に完成した。これは大発動艇三〇隻を船内の格納庫内に搭載し、これに乗艇する陸軍将兵二八〇〇名が乗船するという上陸用舟艇母船であった。本船は上陸地点に達するとあらかじめ船内で将兵は上陸用舟艇に乗艇しており、舟艇は船尾の出口から連続して泛水(はんすい)できるようになっていたのである。

ただし陸軍には船舶を運航する技能がないために、本船の運航は海運会社に委託する方式が採られたのであった。「神州丸」の構想は完全に成功と判断され、陸軍はさらなる上陸母船の建造を計画した。

陸軍はその後同様な上陸用舟艇母船一一隻の建造計画を実行に移すことになった。そして建造予算を獲得するために、当時海運会社の船舶建造促進のために政府が展開していた優秀船舶建造助成施設を活用し、各海運会社が当該船を建造することとして建造予算を獲得したのであった。完成した船の運航は各海運会社が行なうことになっていたのである。

これらの船は「神州丸」とは異なり、獲得予算の関係から外観は一般の商船（主に貨客船）に類似となったが、その船内は一般商船とはまったく違ったものであった。「神州丸」と同じく船内は、上陸用舟艇の巨大な格納庫と上陸将兵たちの居住区域で占められていたのである。

第一船は一九四二年一月に完成し、一九四五年三月に第九船が完成した。しかし残りの二隻は一隻が建造途中で終戦を迎え、一隻は未起工で終わった。完成した船の多くは総トン数九〇〇〇トン級の貨客船または貨物船に類似の外観をしており、一隻は総トン数四〇〇〇トン級の貨物船型母船であった。

ただし第一船の「あきつ丸」と第九船の「熊野丸」は、その外観が航空母艦と類似の姿をしていた。これには理由があった。

上陸用舟艇母船熊野丸

「神州丸」が考案されたとき、上陸用舟艇の搭載ばかりではなく戦闘機（本船考案当時の陸軍戦闘機は複葉の九五式戦闘機が第一線機）も搭載し、上陸後飛行場を確保した場合にはただちに戦闘機をカタパルト発進させて、作戦当初からの航空作戦を可能にしようとしたのであった。この計画案は非現実的として、当時は却下されていたのであった。

しかし量産型の上陸用舟艇母船が計画されたとき、再びこの案が浮上し、第一船には戦闘機や軽爆撃機を搭載して上陸初動から航空作戦を展開する方針で、これら飛行機を発進するための飛行甲板が準備されたのであった（なおこの甲板への着艦は不可能であった）。また最終船「熊野丸」の飛行甲板には船団護衛用の対潜哨戒機の発着を可能にするという、まったく別の用途が期待されていたのである。

これら上陸用舟艇母船の船内構造は「神州丸」と同じで、上甲板以下の船内は巨大な大型発動艇二二隻を収容する格納庫になっており、上甲板上のハウス内は最大二五〇〇名の将兵を収容する居住区域になっていた。舟艇は船内で将兵を搭載すると船尾の巨大な扉から連続して海面に降ろされ、続々と上陸地点に進むようになっていた。

上陸用舟艇母船あきつ(秋津)丸(最終改造の姿)

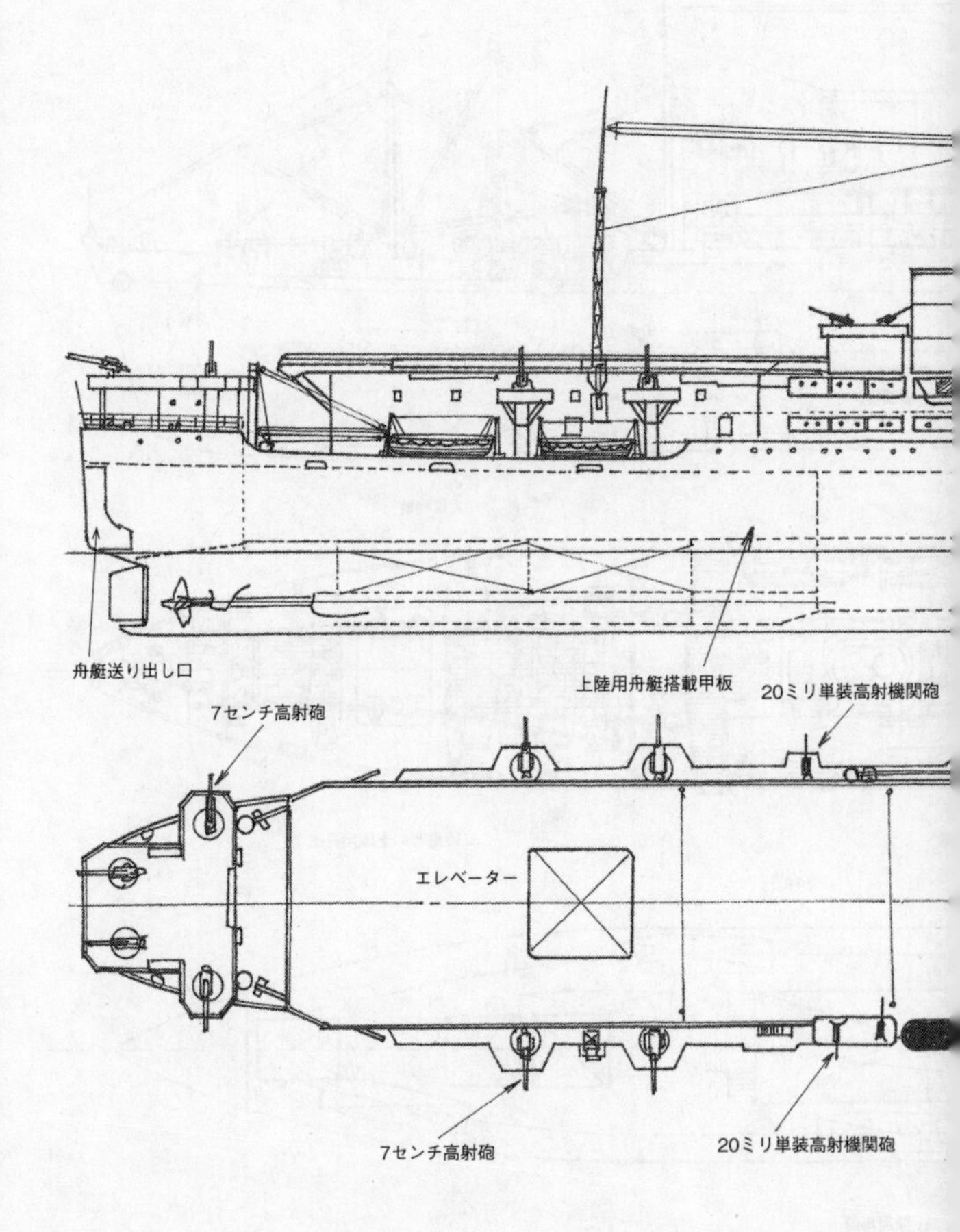
舟艇送り出し口
上陸用舟艇搭載甲板
20ミリ単装高射機関砲
7センチ高射砲
エレベーター
7センチ高射砲
20ミリ単装高射機関砲

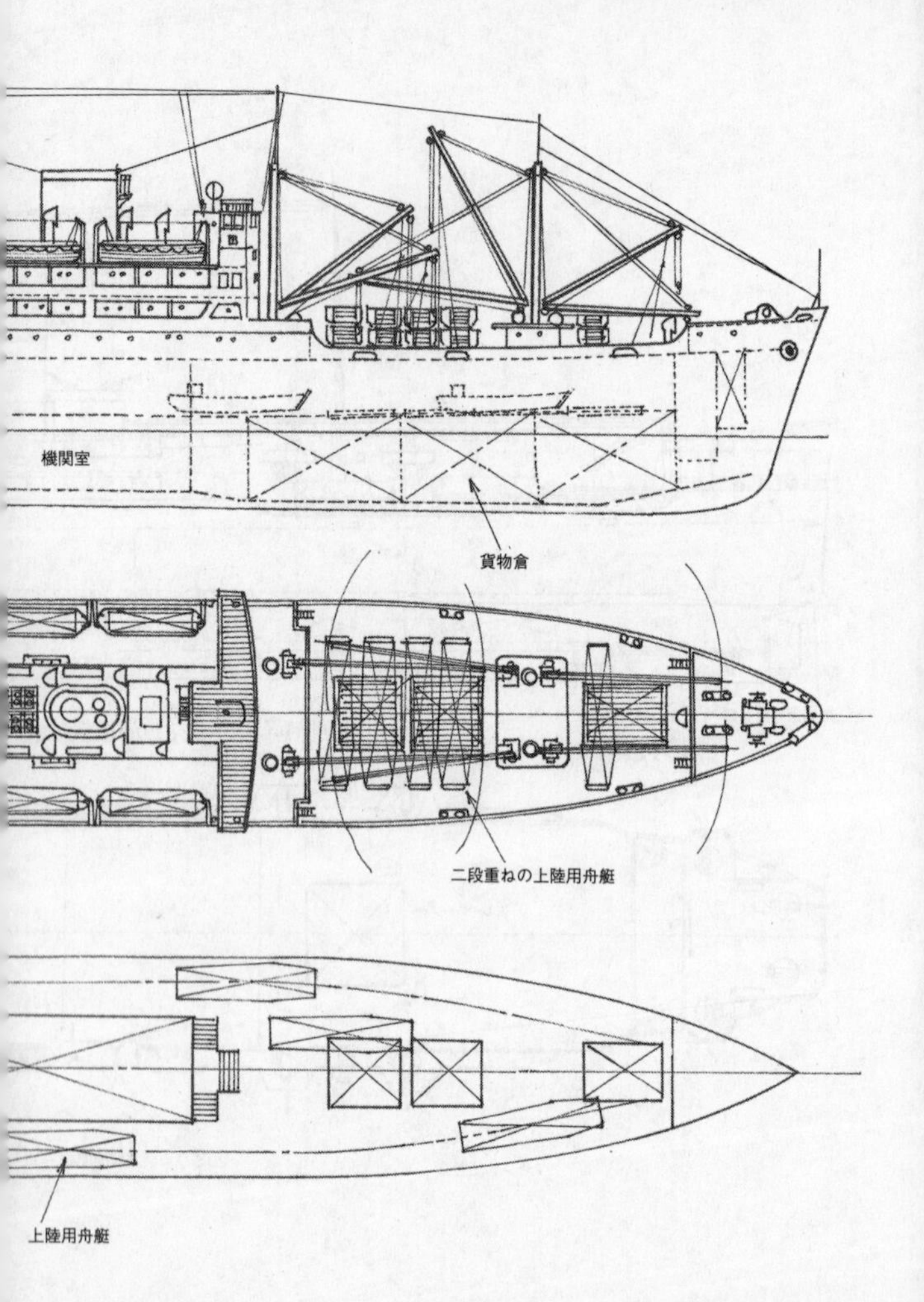
機関室
貨物倉
二段重ねの上陸用舟艇
上陸用舟艇

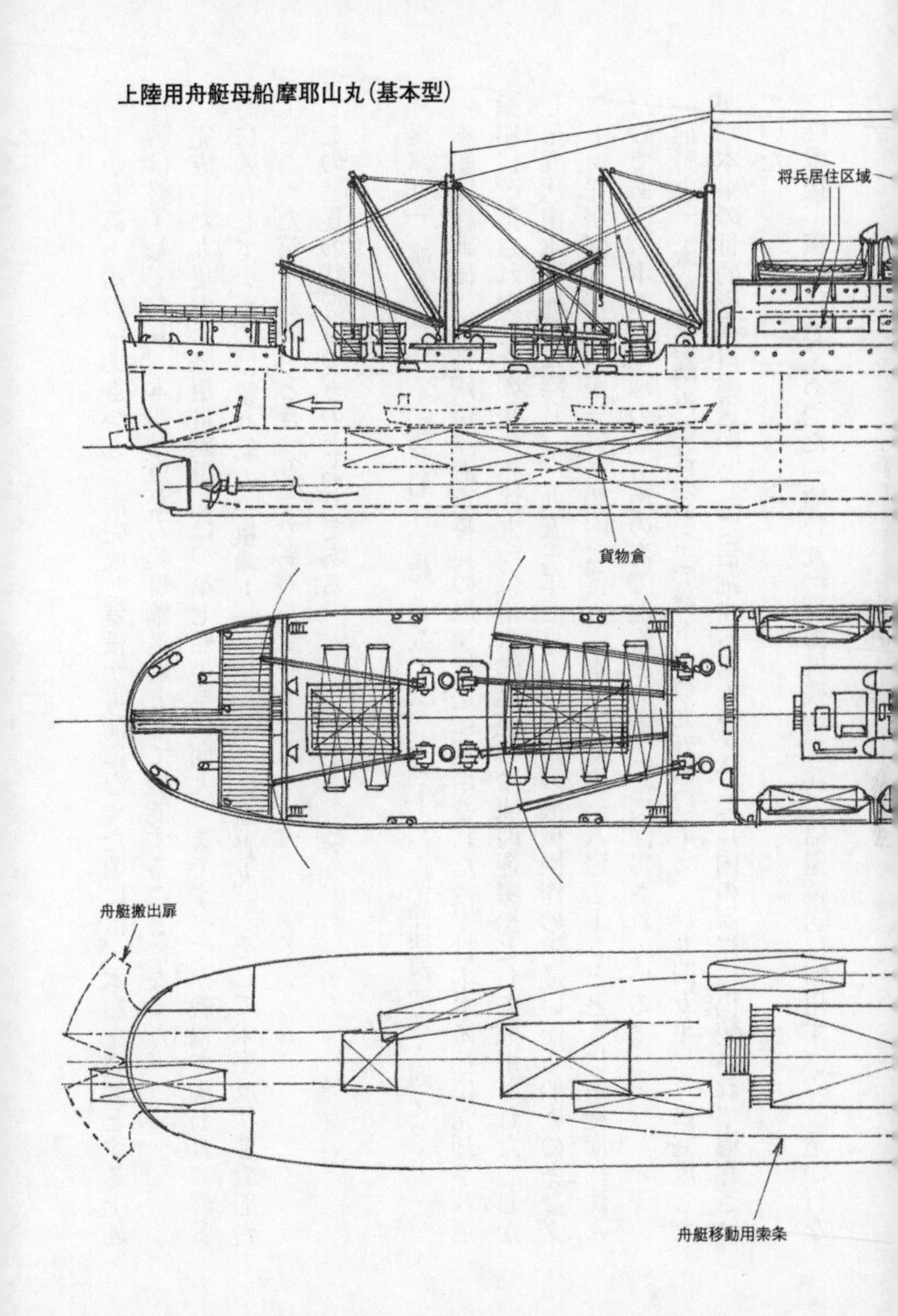
上陸用舟艇母船摩耶山丸(基本型)
将兵居住区域
貨物倉
舟艇搬出扉
舟艇移動用索条

しかし第一船の「あきつ丸」が完成し就役が可能になった頃には、本船を必要とする上陸作戦は終了しており、本船は単なる兵員輸送船として機能することになった。

完成した九隻の上陸用舟艇母船は、第七船の「日向丸」まですべてが戦禍で失われ、終戦時に残存していたのは第八船の「摂津丸」と第九船の「熊野丸」、そして未完成状態で船台上にあった第十船の「ときつ丸」であった。

この三隻の状況はつぎのとおりである。

「摂津丸」 所有会社、大阪商船社、総トン数九六七〇トン、最高速力一九・四ノット。

本船は終戦後、海外残留陸海軍将兵の帰還輸送に運用された後、日本水産社に売却され運搬船に改造された。その後「摂津丸」は南氷洋捕鯨の冷凍肉運搬船として運用された。しかし第九次南氷洋捕鯨に際し、一九五三年三月、乗組員の機械操作の手違いから船底のキングストン弁が開き、海水が一気に船内に侵入、本船は鯨肉三八〇〇トンとともに南極海に沈んだのである。本船は地球の最も南の海で沈んだ商船として記録されている。

「熊野丸」 本船は川崎汽船社が船主で総トン数九五〇〇トン、一九四五年三月に完成したが、本来の目的や兵員輸送船として活躍する場もなく、瀬戸内の海岸に偽装されて温存されていた。

終戦後、稼働状態にあった「熊野丸」は海外残留将兵の帰還輸送に転用すべく改造が行なわれた。主な改造は飛行甲板の後部両舷側に救命艇を増備すること、各倉庫内や既存の将兵居住区域を帰還将兵用に改装することなどであった。

本船は帰還将兵輸送の船舶としてはその収容力は最大級で、一度に四〇〇〇名以上の収容が可能であった。本船はソロモン諸島やジャワ島、さらにはビルマや中国などから四万名以上の帰還将兵の輸送に活躍し、任務終了後の一九四八年に解体された。

「ときつ丸」　終戦時未完成状態であった。

陸軍上陸船

陸軍は上陸用舟艇母船の開発を始めた後、戦車や火砲などの重量兵器をすみやかに陸揚げする方法の検討にも入っていた。その具体策としては、重量物を搭載した船をそのまま揚陸地点の海岸にのし上げ着岸させて、兵器類を直接自力で揚陸させる方法が最適と考えたのである。

陸軍はこの型式の上陸船の開発を一九四一年（昭和十六年）から開始した。そして民間より六〇〇総トン前後の船尾機関式の小型貨物船を購入し、船首に扉を設け渡り板を中から繰り出す方式の上陸船に改造したのである。このとき本船の船底は船首部分を中心に海岸に乗り上げ、後進で離岸することが可能な構造に改造したのである。

試作船は一九四二年四月に完成した。陸軍は試験の結果に満足したが、量産型の上陸船は

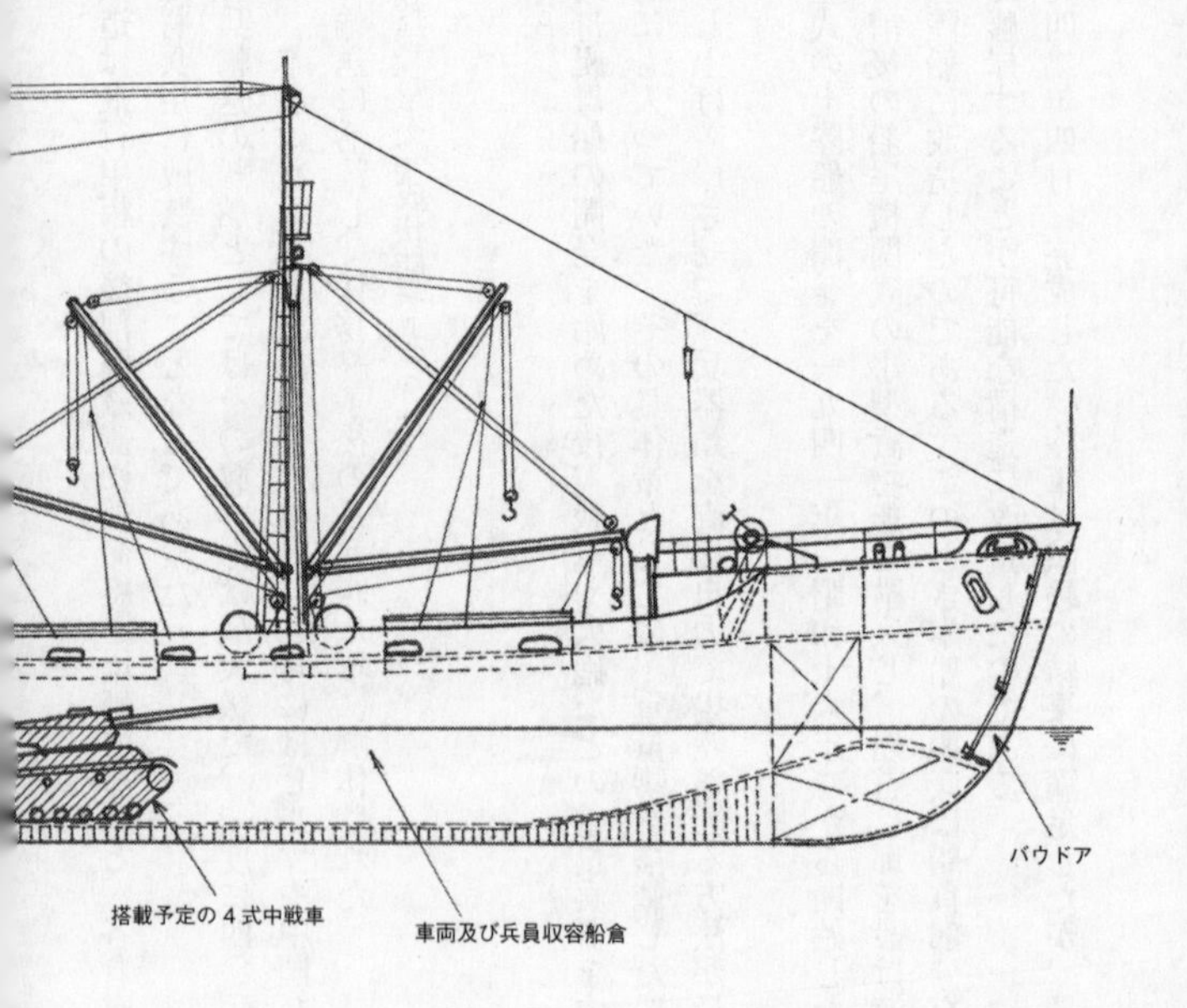

バウドア
搭載予定の４式中戦車
車両及び兵員収容船倉

陸軍上陸船（試作船蚊龍）-1

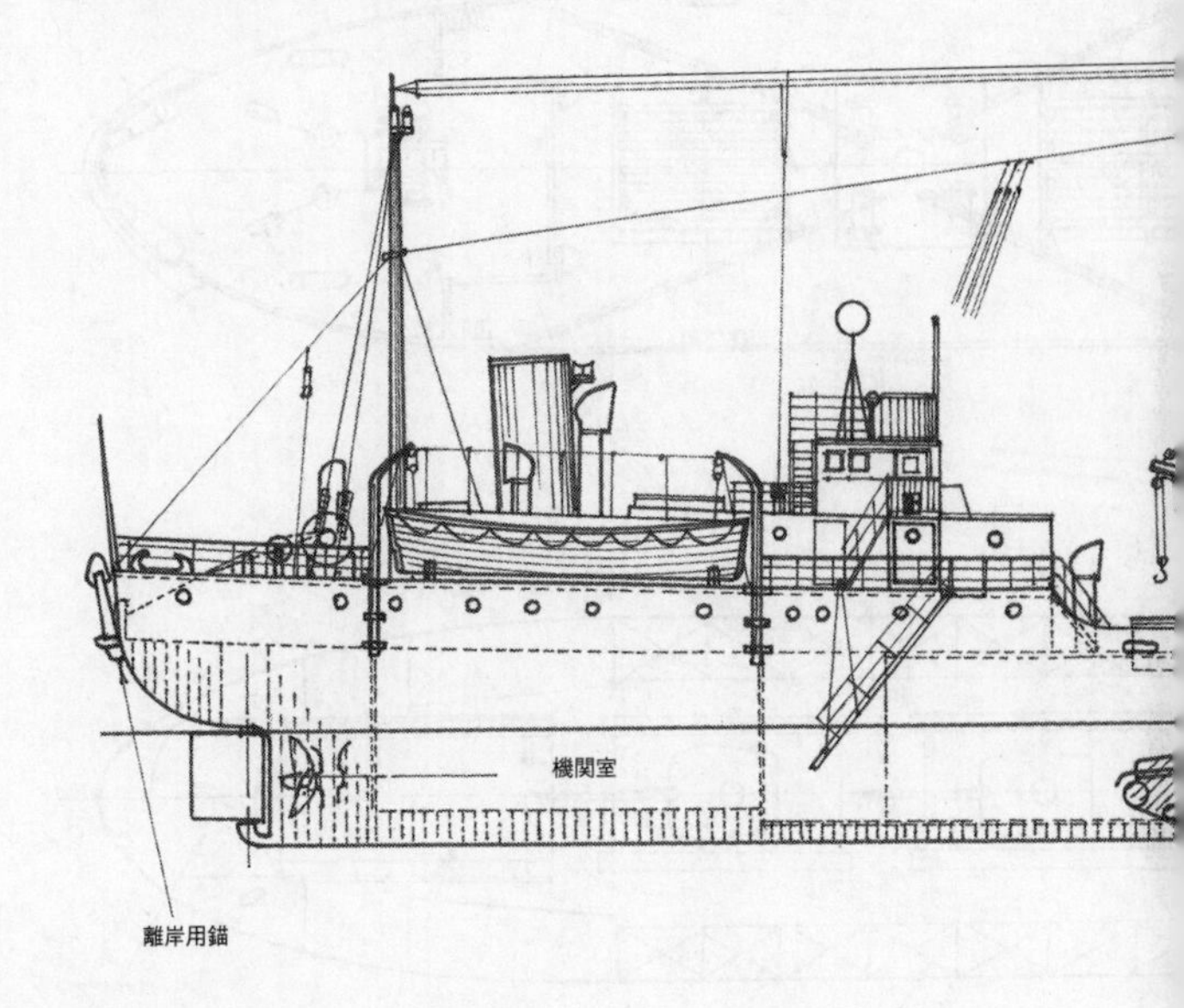

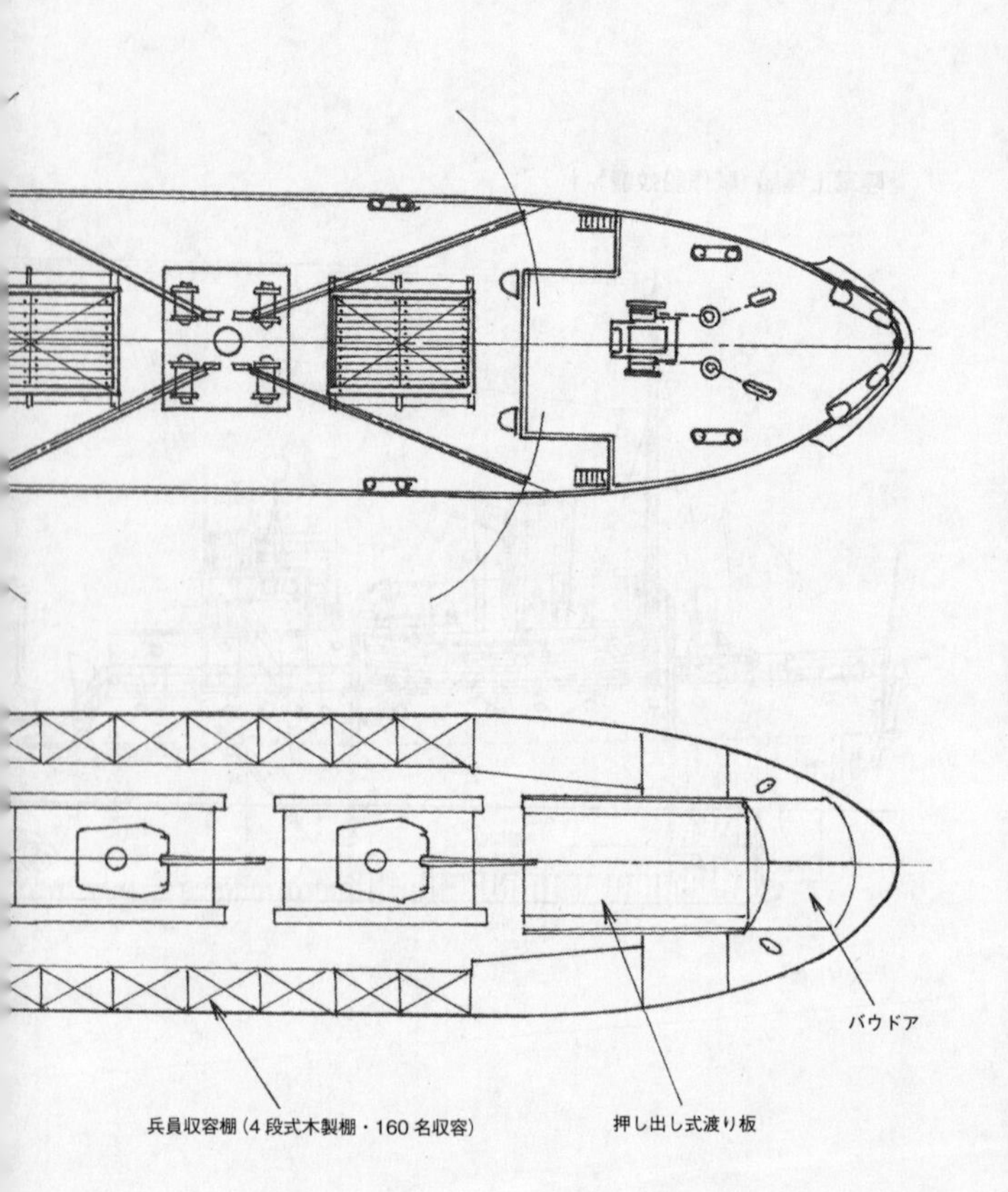
バウドア
兵員収容棚（4段式木製棚・160名収容）
押し出し式渡り板

陸軍上陸船（試作船蚊龍）-2

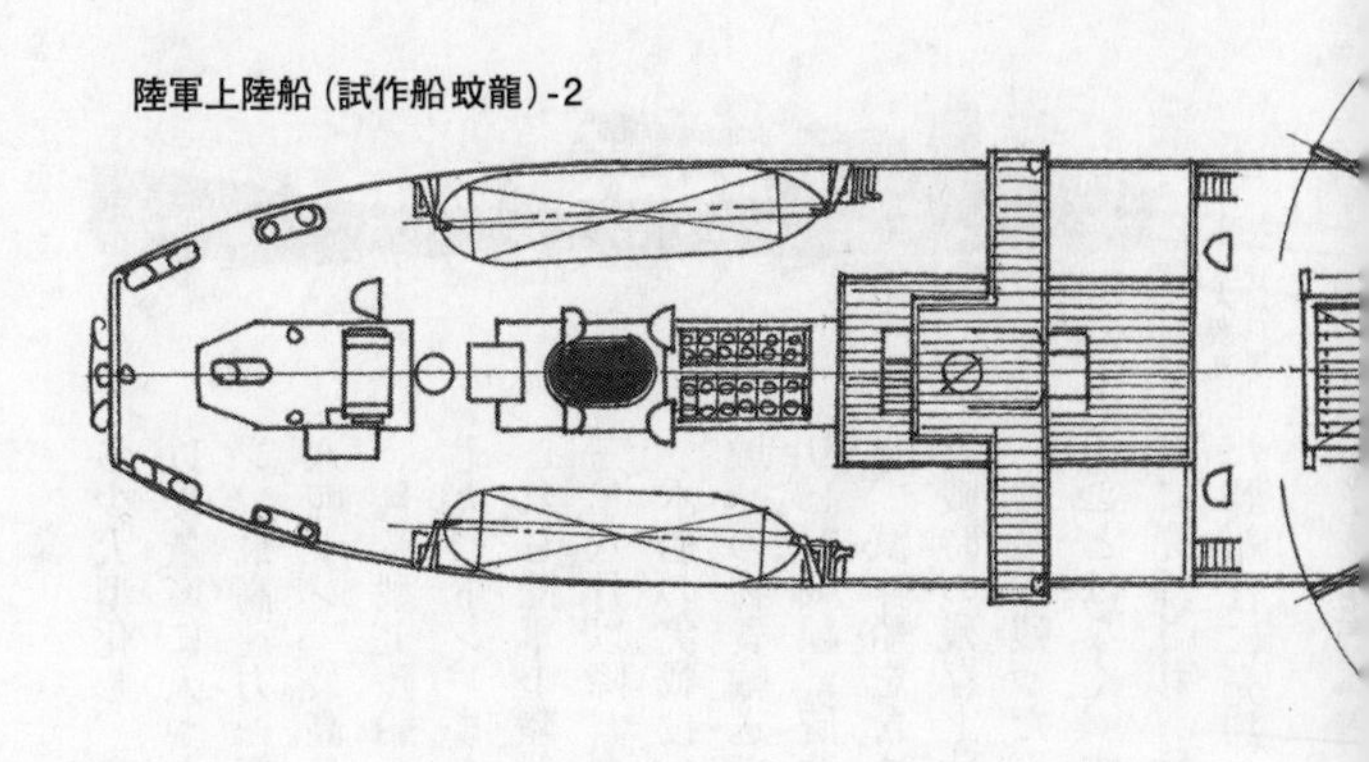

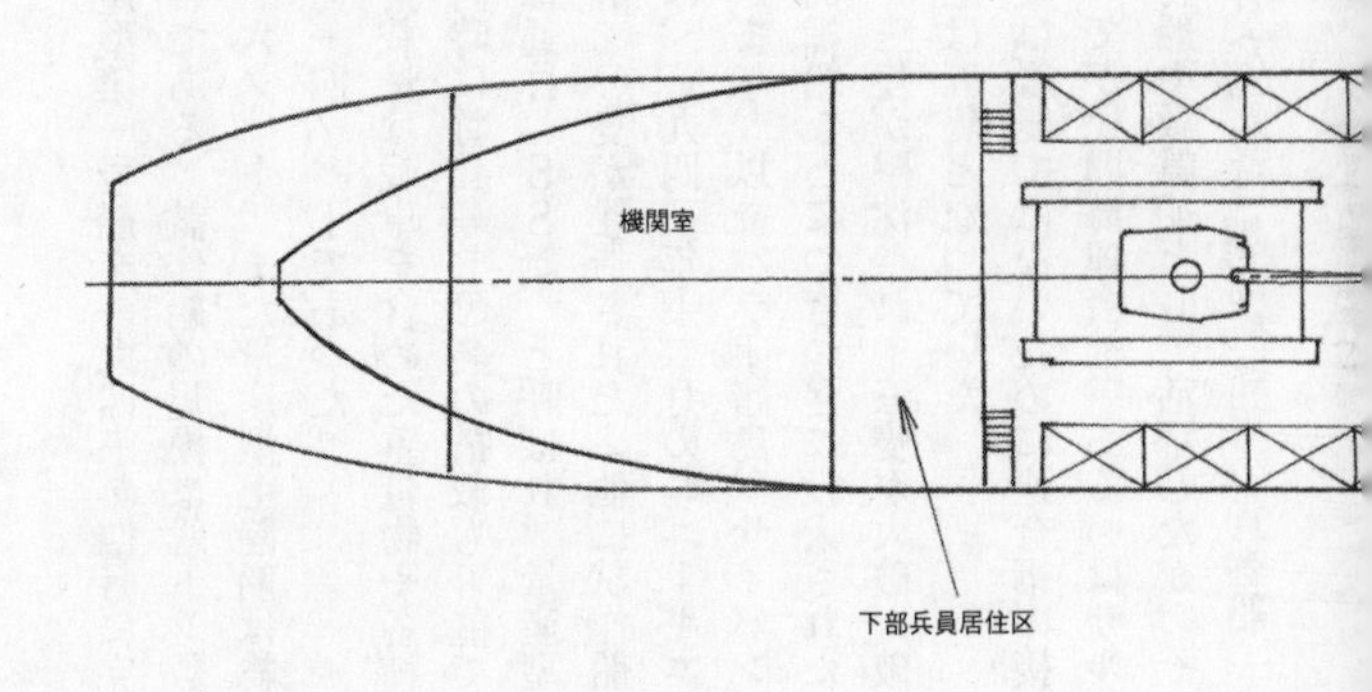

大衆丸

多少大型化し、量産型第一号船を一九四三年四月に完成させ、以後量産に入ったのである。試作船の規模は総トン数六四一トン、最高速力一四・六ノット、また量産型上陸船は総トン数七八四トン、最高速力一四ノットであった。

量産型上陸船の搭載量は戦車を含めた重量物や各種物資合計七九〇トン、また同時に将兵一七〇名の搭載も可能であった。これら陸軍上陸船は通称「SS艇」と呼ばれ、量産型は一九四三年八月以降、合計二〇隻が建造された（他に試作船一隻）。

本船の実戦投入は、一九四三年十二月のニューギニア西部戦域への物資輸送で始まり、以後パラオ諸島、サイパン島、フィリピン戦線、硫黄島補給などにつぎつぎに投入された。その結果、試作船を含め一三隻が撃沈され、三隻が大破・破棄され、終戦時の残存上陸船は五隻となっていた。

戦後、残った五隻は艦艇ではないために連合軍の接収を受けることはなく、すべてが民間海運会社、あるいはサルベージ会社に売却され、貨物船や救難船として活躍したが、その中の九州郵船社に売却された一隻は離島航路用の貨客船「大衆丸」

（総トン数八三一トン）となった。本船はその後、神戸・下関と韓国の釜山間の定期航路の開設にともない、同航路用の貨客船「韓水丸」と改名され一九七〇年まで運行され、その後解体された。

本船は海軍の二等輸送艦やアメリカの戦車揚陸艦（ＬＳＴ）などとまったく同じ構想の下に開発された船である。しかし陸軍は本船の外観を民間の船尾機関式の小型貨物船と同じにしていることに、本船の最大の特徴があったのである。

第3章　特設艦艇

日本海軍は有事に際し絶対的な保有艦艇の不足を補うために、大小多数の民間商船および漁船などを徴用し、これを特設の艦艇に改装し実戦の場に投入した。特設艦の種類は多岐にわたっており、それらは、特設航空母艦、特設巡洋艦、特設水上機母艦、特設潜水母艦、特設敷設艦、特設砲艦、特設工作艦、特設航空機運搬艦、特設油槽船、特設特務艦船、そして特設特務艇、他であった。

太平洋戦争中に特設艦および特設特務艦艇船として徴用された民間商船は合計九七〇隻、特設特務艇として徴用された漁船を主体とする小型船舶は八四一隻、合計一八一一隻という多数に上ったのである。しかしこれらの大半は戦禍で失われ、さらに陸軍徴用の多数の輸送船の損害を含めると、終戦時に残存した日本の民間船舶数は戦争勃発時とは比較にならないほどの激減となっていたのである。

特設艦船

特設航空母艦

日本海軍は特設航空母艦として六隻の大型客船を徴用し、空母に改造した。これらの客船は実質的には海軍による買収であり、すべてが原形をとどめないほどの工事によって空母に改造されたのである。特設航空母艦に改造された六隻の中で五隻が戦没し、一隻が残存したが、それは大破・擱座の状態で、戦後に旧来の客船に復帰することは不可能であった。

この唯一残存した元客船は、特設航空母艦「海鷹」に改造された大阪商船社の客船「あるぜんちな丸」であった。終戦時には大分湾岸で大破、そのままの状態で放置されており、後に現地で解体された。

なお他に一隻の客船が特設航空母艦に改造されたが、この船は旧ドイツ客船シャルンホルストで、一九三九年（昭和十四年）九月以降帰国困難となり、神戸港に係留されていたのを日本が購入し、特設航空母艦（神鷹）に改造したもので、戦禍で失われた。

特設巡洋艦

日本海軍は大型貨客船三隻、中型貨客船三隻、大型貨物船七隻、中型貨物船一隻の合計一四隻の商船を徴用し、特設巡洋艦に改装した。そして一隻を残しすべてが戦禍で失われた。

浮島丸

いずれも高速の優秀船舶であった。終戦時残存していたのは中型貨客船「浮島丸」（総トン数四七三一トン）一隻のみであった。

本船は途中から特設輸送艦に用途が変更され、終戦直後、日本在留朝鮮人の母国への帰還輸送に運用されることになった。しかしその直後の八月二十四日、本船は舞鶴湾で未掃海の磁気機雷の爆発により沈没し、特設巡洋艦として徴用された商船のすべてが失われることになったのである。

特設水上機母艦

特設水上機母艦として徴用された商船は七隻で、すべて総トン数七〇〇〇トン級の高性能の優秀高速貨物船であった。しかしその後の戦況から、低速の単発水上機を哨戒や索敵に使うこと、さらに同じく低速の水上戦闘機を防空戦闘などに運用することの絶対的な不利から、一九四三年中頃にはすべての特設水上機母艦の運用が中止された。

輸送船不足のおりから、特設水上機母艦は装備を撤去し特設輸送船（雑用）に用途を転換している。しかし一隻を残しその他す

聖川丸

べては戦禍で失われ、終戦時の残存船は「聖川丸」だけであった。「聖川丸」は一九三七年五月に川崎汽船社の四隻の新造高速貨物船の一隻として竣工した。総トン数六八六一トン、最高速力一九・五ノットの本船はパナマ運河経由のニューヨーク航路に就航した高速貨物船であったが、一九四一年九月に海軍に徴用され特設水上機母艦となった。

水上機母艦として運用される本艦の後部甲板は、水上偵察機や水上観測機など一二機（後には水上戦闘機も含む）の搭載が可能に改造され、後部甲板右舷にはカタパルト一基が配備された。また後部船倉内の一部はエンジンや機体の修理工場に改装され、機材の倉庫や爆弾・機銃弾および燃料庫として使われた。甲板上には単装高角砲二門と数梃の二五ミリおよび一三ミリ機銃と探照灯も装備された。

本艦は特設水上機母艦「聖川丸」として第四艦隊麾下となり、開戦劈頭からウエーキ島、グアム島攻略戦に投入されている。またラバウル攻略戦やサラモア攻略戦にも投入され、上陸作戦時の唯一の航空戦力となっていた。サラモア攻略戦では搭載していた零式水上観測機が防空戦闘機の代役となり、敵機の撃墜も果たした。

その後、本艦はガダルカナル攻防戦前に搭載機体をガダルカナル島の対岸にあるツラギに送り出し、水上基地哨戒隊として活動を開始している（米軍のガダルカナル上陸時にこれら水上機隊は全滅している）。

水上機母艦の任務が終了したことから、「聖川丸」は一九四二年十二月に特設運送船（雑用）に任務が変更となり、以後日本と南方各方面の物資輸送に活躍し、幾多の敵潜水艦攻撃にも遭遇したが無事に乗り切っている。しかし一九四五年に瀬戸内西部で停泊中に敵艦載機の攻撃を受け、至近弾により船底を破損、浸水によりその場に着座し終戦を迎えた。

戦後、ＧＨＱの許可のもとに本艦の浮揚作業が開始され、一九四九年十月に現役貨物船に復帰した。そして「聖川丸」は、残存した数隻の戦前型優秀貨物船の一隻として北米航路などに就航、戦後日本の商船隊復活のシンボルとして活躍したのである。本船は一九六九年に老朽化のために惜しまれつつ解体された。

特設潜水母艦

特設潜水母艦に徴用された商船は合計七隻であった。この七隻は用途上からもすべてが大型高速貨客船であった。そして一隻を残しすべてが戦禍で失われた。そのなかにはシアトル航路用の貨客船「日枝丸」と「平安丸」、欧州航路用の貨客船「靖国丸」が含まれている。唯一残存したのは客船「筑紫丸」（総トン数八一三五総トン）であった。

筑紫丸

「筑紫丸」は大阪商船社の阪神と満州の大連間を結ぶ航路用に一九四三年三月に竣工した船で、本来は優秀客船として就航する予定であったが、戦時下のために当初から簡易内装で仕上げられ、ただちに潜水母艦として運用されることになった。しかしその任務は新たに就役した多くの潜水艦の訓練期間中の母艦であり、行動範囲は瀬戸内に限られていた。

その後「筑紫丸」はサイパン島方面への輸送船として運用されたこともあったが、国内航路の石炭輸送の輸送船の絶対的不足から、船倉を改造し石炭輸送専用船として九州・若松と阪神・尼崎間で従事していた。終戦時、本船は無傷で残存し、外地残留の将兵の帰還輸送に動員されたが、一九四七年以後は瀬戸内で係留されていた。

「筑紫丸」は一九五二年一月にパキスタンのパン・イスラミック・スチームシップ社に売却され、イスラム教徒のメッカ巡礼者用の客船サファイナ・E・

ミラット（SAFINA・E・MITLAT）として運航されることになった。その後、本船は火災などのために一九五五年に廃船になったとされている。

特設航空機運搬艦

特設航空機運搬艦は直接航空機を運搬することが目的ではなく、航空隊の移動に際し搭乗員を含む基地各種要員や航空機の予備部品、および予備機材や航空機用燃料、さらには基地建設用の各種資材や機械類、そして基地要員の糧秣などを運ぶ艦である。南方方面に進出する日本海軍各航空隊にとっては必要不可欠な輸送艦で、合計一〇隻の商船が特設航空機運搬艦の用途で徴用された。

海軍に徴用された船は貨物船九隻、貨客船一隻であった。それらは総トン数五〇〇〇トン以上、最高速力一五ノット以上の優秀船であったが、すべてが任務中に戦禍で失われている。その中の一隻、国際汽船社の貨物船「小牧丸」（総トン数六四六八トン、最高速力一九ノット）は同社のニューヨーク航路用の高速貨物船であった。

一九四二年四月、「小牧丸」はジャワ島から台南航空隊をラバウルに移動する際に特設航空機運搬艦としての任務にあたったが、ラバウル到着直後、ニューギニアのポートモレスビー基地を出撃した敵爆撃機の空襲を受け被弾、ラバウル湾に着底し、浮揚不可能となり失われた。本艦は特設航空機運搬艦の喪失第一号となっている。

なお本船の残骸はその後ラバウル港の桟橋として活用され、現在でも「コマキピアー」として残存している。

特設敷設艦

特設敷設艦とは機雷敷設艦を代行するために運用される特設艦である。多くは大型貨物船がその任のために徴用されるが、太平洋戦争中には九隻の貨物船がこの目的のために動員された。

これらの貨物船はすべてが船体後部船倉を機雷格納庫と機雷調整室として改装された。そして船倉の両舷側に沿って船尾まで機雷搬出用の移動装置が取りつけられ、船尾の両舷には機雷投下用の投下口が設置された。

特設機雷敷設艦は日本本土周辺海域から南シナ海にかけて設けられた機雷堰の構築、南方進出基地周辺海域への防御用機雷の敷設に運用されたのである。

特設敷設艦となった貨物船で終戦時に残存していたのは以下の三隻に過ぎなかった。

「高栄丸」

本船は高千穂商船社の不定期貨物船として一九三四年（昭和九年）に建造された。総トン数六七七四トン、最高速力一六・三ノットの本船は、北米とカナダの木材と穀類バラ積み用

高栄丸

の貨物船として建造されたが、竣工直後から大同海運社が運航し、以後は同社の持ち船となった。本船は不定期航路貨物船として、あつかいやすい船で好評であった。

一九四一年十月に「高栄丸」は海軍に徴用され、特設敷設艦としての改造を受けた。任務は日本周辺の海域への機雷堰の構築で、後部船倉には機雷七〇〇個の搭載が可能であり、正規の敷設艦を含めても本艦の機雷の搭載量は最大級であった。

本艦は終戦時、北日本に残存していたが、樺太へのソ連軍の侵攻に対する在留日本民間人の日本国内への即時避難輸送のために緊急招集され、その輸送船の一隻としてただちに樺太から北海道への避難民の輸送を開始したのである。そして避難民の輸送が一段落した後、本船はこんどは南方各地に残留している陸海軍将兵の帰国輸送船として運用された。「高栄丸」は終戦時日本商船界に残存していた、わずか一〇隻にも満たない戦前型の大型商船の一隻であり、その存在は奇跡的ともいえるものであったのだ。

その後「高栄丸」は一九五〇年六月に戦後初の南米航路用貨物船として就航することになった。用途は穀物や鉄鉱石のバラ積みであった。そして戦後建造の外航貨物船が充実するまで本船は海外航路の不定期貨物船として活躍したが、一九六〇年に老朽化のために解体された。

「辰宮丸」

本船は辰馬汽船社が一九三八年に建造した台湾航路用の貨物船である。同社は台湾から日本へのバナナとサトウキビの独占輸送を目的に本級貨物船四隻を建造した。本船の外観構造は取りあつかい貨物の特殊性から、同規模の一般的な貨物船とは幾分異なる形状をしていた。そのなかでも最大の特徴はバナナの大量輸送を目的に船内には大規模な冷蔵設備が準備されていたことであった。

本船は総トン数六三四三トン、最高速力一七・七ノットは貨物船として十分に高速の部類に入るものであった。

「辰宮丸」は太平洋戦争開戦前に海軍に徴用され、姉妹船「辰春丸」とともに特設敷設艦に指定され、必要な改造が行なわれた。改造の内容は前記の「高栄丸」とまったく同じで、搭載機雷も七〇〇個という多数にのぼった。本艦にあたえられた任務は「高栄丸」と同様で、機雷堰の構築に大きく貢献した。

これら特設敷設艦が築いた機雷堰の効果はまったく「無」ではなく、戦後の米海軍の日本資料との詳細な突き合わせからは、数隻の米海軍潜水艦がこの機雷堰により沈没していることが判明しているのである。

「辰宮丸」は終戦時、磁気機雷の爆発により船底を損傷して港内に鎮座状態であったが、占領軍最高司令部（ＧＨＱ）の許可を得て浮揚作業が行なわれ、可動船船として運航が許可されたのである。ただし整備完了が一九五〇年で、残留将兵の引き揚げ輸送は一段落しており、これら輸送には加わっていない。

本船は一九五二年から本格的に外航配船され、フィリピンからの鉄鉱石やラワン材、インドからの石炭、北米からの木材の輸入輸送に盛んに運用された。この頃には本船は辰馬汽船社の解散にともない後継会社となった新日本汽船社の持ち船となっていたが、一九六七年に老朽化のために解体された。

「辰春丸」

本船は「辰宮丸」の姉妹船である。一九三九年四月に完成すると他の姉妹船と同様に、神戸と高雄間の定期航路に就航した。本船の役割は主に台湾産バナナとサトウキビの輸送であった。

「辰春丸」は他の姉妹船と同じく一九四一年九月に海軍の徴用を受け、ただちに特設敷設艦への改装工事が開始された。本艦は日本周辺の機雷堰の構築や内南洋基地周辺への機雷の敷設に活躍したが、一九四三年には特設運送船（雑用）に用途変更されている。

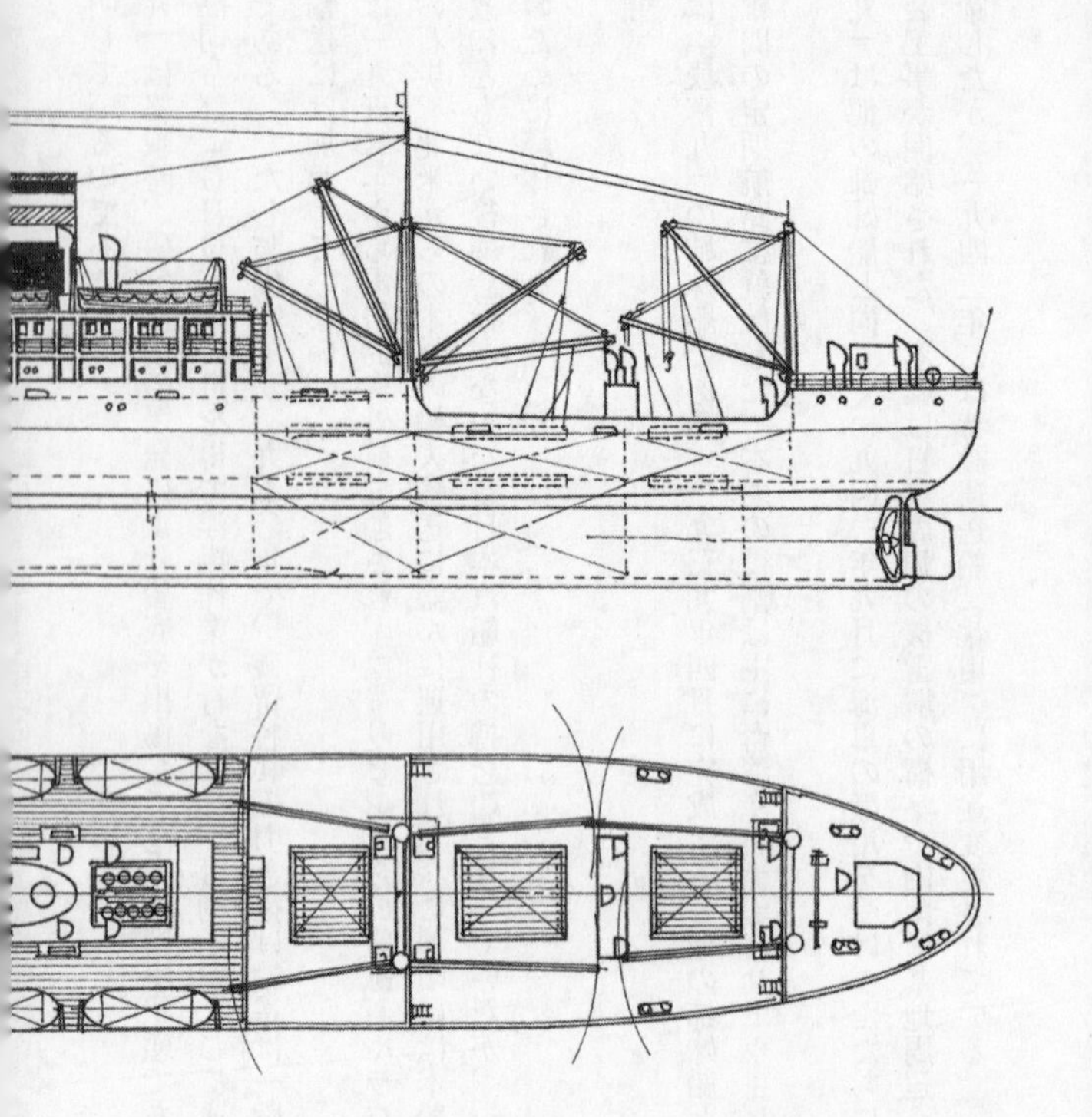

貨物船辰宮丸

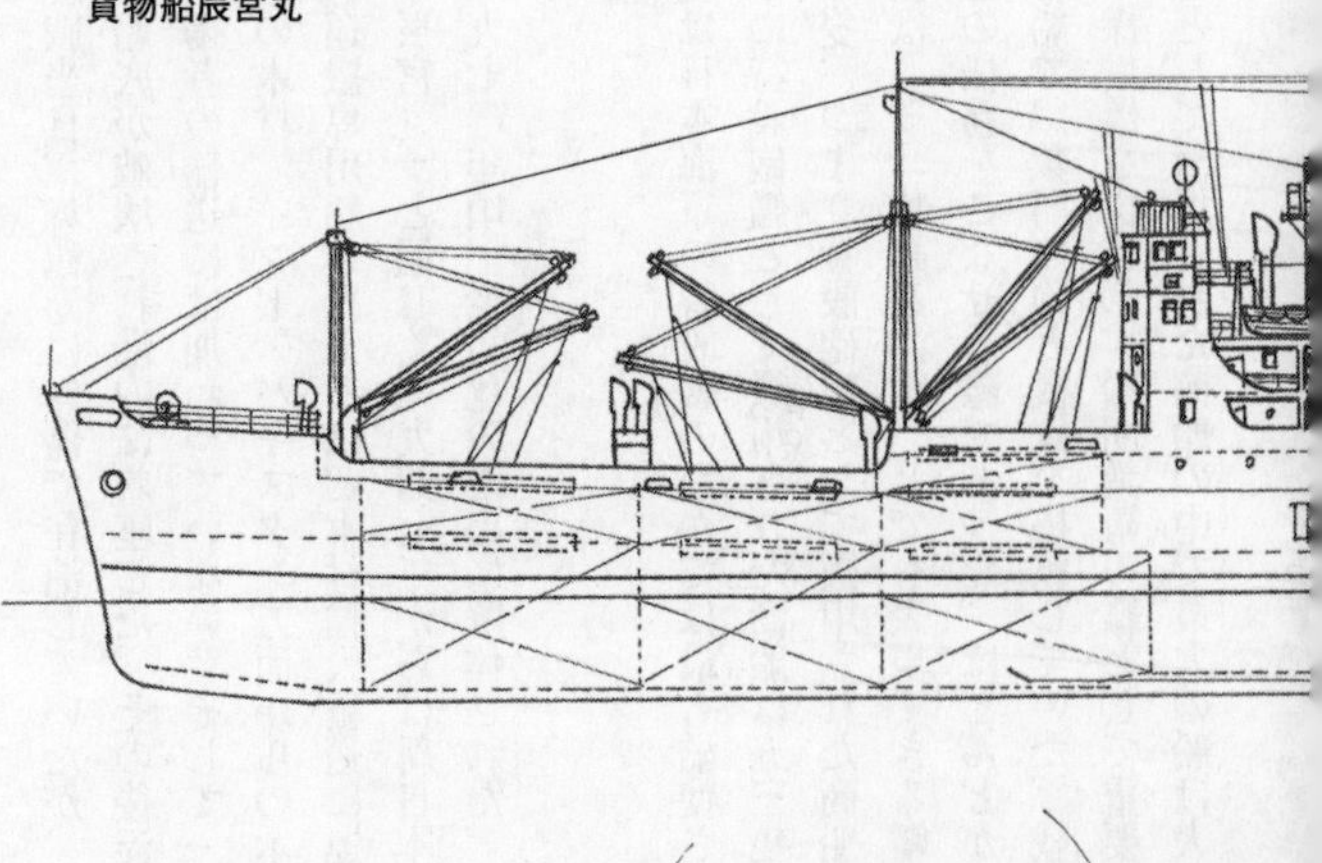

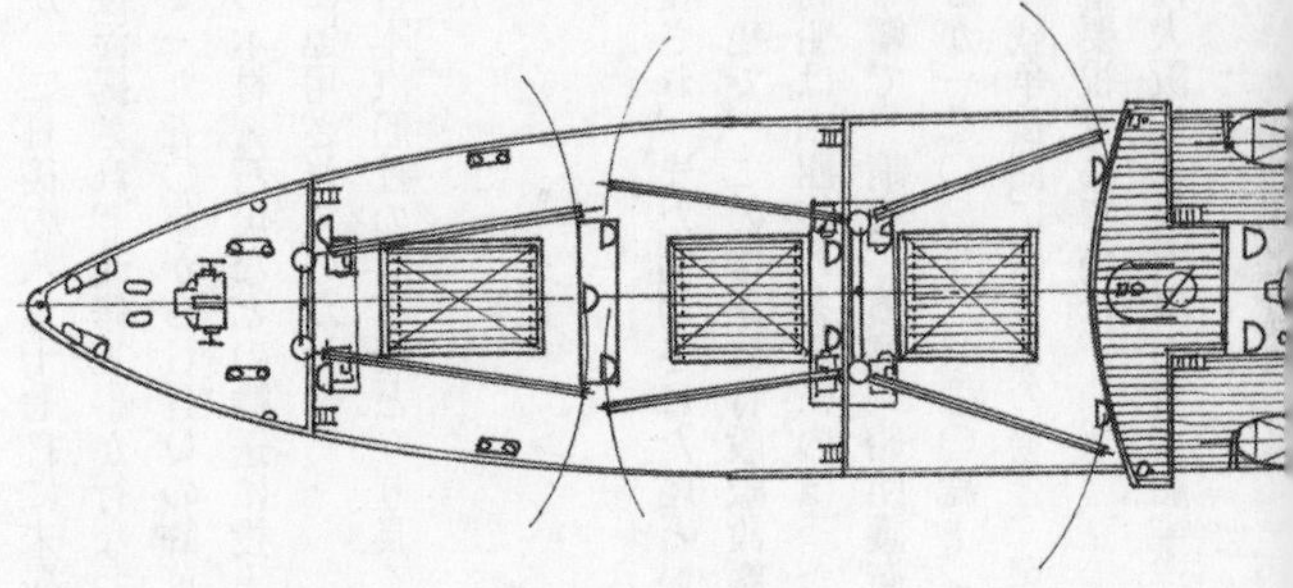

本艦は終戦当日、舞鶴港に無傷で在泊していたが、二日後の八月十七日に未掃海の磁気機雷の爆発で船底が破壊され港内に着座した。その後浮揚され、改修工事が行なわれたが、外地からの引揚者の輸送には加わっていない。そして一九五〇年からGHQの許可のもとで北米西岸からの木材、インド・パキスタン方面からの木材・石炭などの輸送に投入されたが、本船は木材運搬専用船と思えるほど木材輸入輸送に運用されていた。

本船は「辰宮丸」と同じく一九四七年からは新日本汽船社の所有船となり長く運用されていたが、一九七〇年頃、老朽化のために解体された。

特設砲艦

特設砲艦は日本海軍の特設艦のなかでは最も酷使され、また活用された艦といえよう。太平洋戦争中に特設砲艦として徴用された商船は五三隻で、このほかに特設敷設艦を兼務する砲艦が三一隻、つまり特設砲艦として徴用された商船は八四隻の多数にのぼったのである。

特設砲艦は「ミニ特設巡洋艦」とでも表現できる艦で、哨戒、偵察、船団護衛、輸送、砲撃支援などの任務をこなせる艦であった。ほとんどが一〇〇〇〜三〇〇〇総トン級の中小型客船や貨物船で、数門の砲と機銃を搭載していた。戦争後期には多くの場合、爆雷や水中聴音器、水中探信儀を搭載し、船団護衛の艦として重要視されていた。

特設砲艦として徴用された商船の中で最大の船は大阪商船社所属の貨客船「浮島丸」で総

トン数四七三一トン、最小の商船は貨物船の「第十雲海丸」で総トン数八五五トンであった。

特設砲艦に徴用された商船の多くは一九四三年後半には、輸送船の絶対的な不足から特設運送船（雑用）に用途変更されている。しかしこれら特設砲艦、特設砲艦兼敷設艦として徴用された商船のほとんどは戦禍で失われ、終戦時残存していた商船は数隻に過ぎず、その損耗率はじつに九〇パーセントを越えたのである。

終戦時残存していた数少ない特設砲艦徴用の商船はつぎのとおりである。


「崋山丸」


本船は一九二六年（大正十五年）三月に竣工した日清汽船社の沿岸航路用小型貨物船である。総トン数二〇八九トンの本船は、広東、上海、青島、天津間の貨物輸送に使われていて、その後設立された国策会社の東亜海運社所有となり、同じ航路を運航していた。

そして日中戦争勃発直後の一九三七年（昭和十二年）九月に「崋山丸」は海軍に徴用され、特設砲艦となった。本艦の最終的な武装は一二・七センチ単装砲四門、二五ミリ連装機銃二基、同単装機銃数梃、爆雷一〇個、水中聴音器となっていた。本艦は第一南遣艦隊、第一海上護衛隊所属で船団護衛の任務についており、その後も船団護衛任務を続け幾多の困難な任務を果たし、終戦時は無傷で国内港に温存されていた。

戦後は東亜海運社の解体により、「崋山丸」は日東商船社の持ち船となり国内航路で貨物

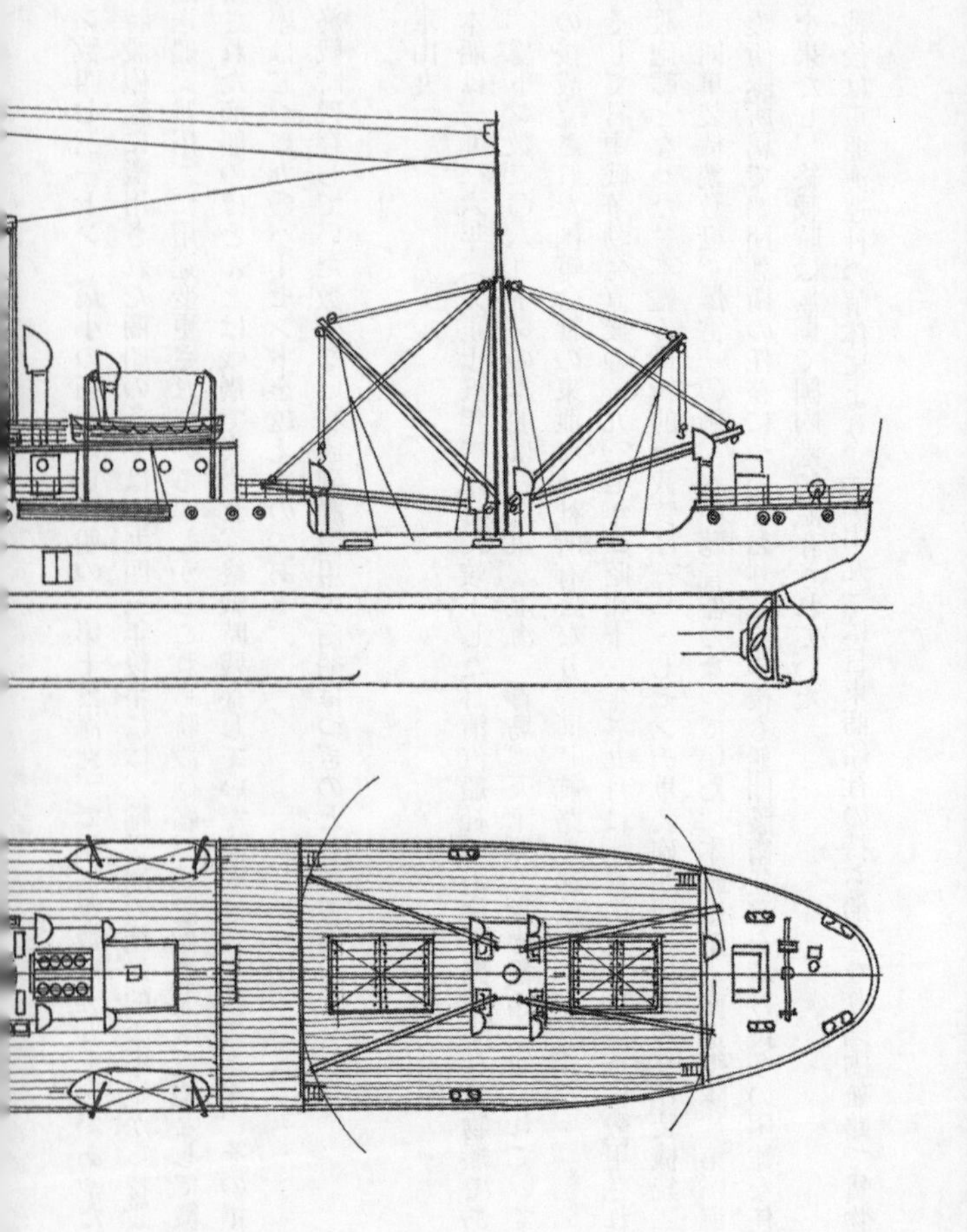

貨物船崋山丸

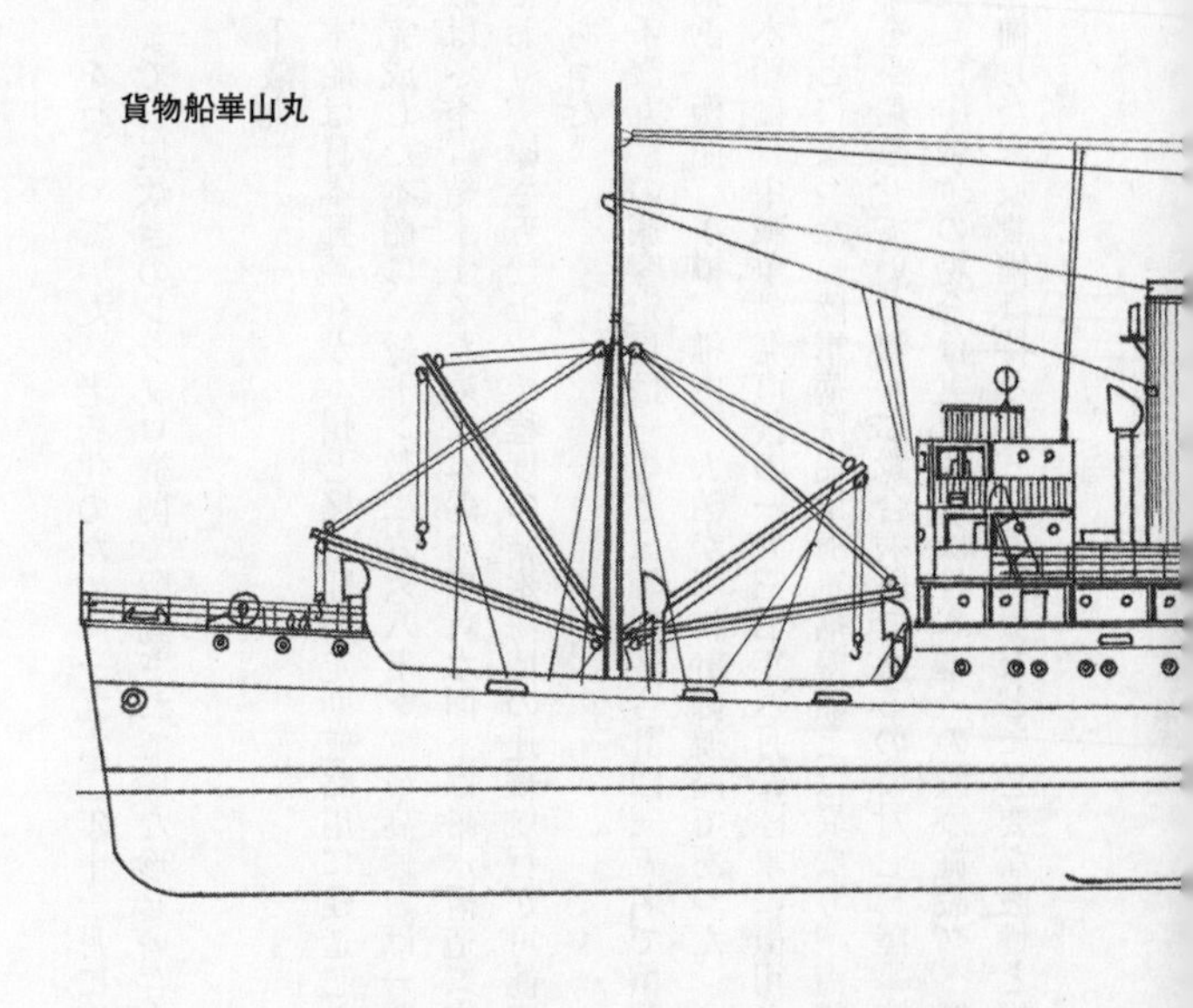

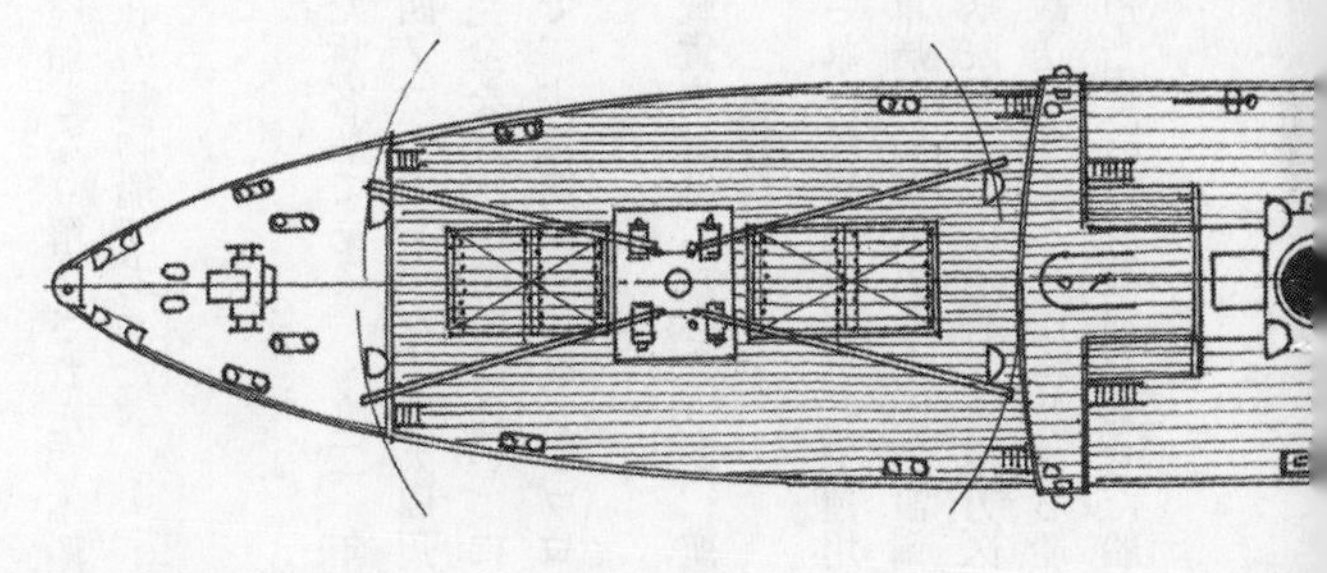

輸送を行なっていた。老朽化のために一九六〇年十一月に廃船となり解体された。本船は最後まで石炭炊きのレシプロ機関で駆動されていた珍しい存在の貨物船であった。

「千歳丸」

本船は日本郵船社が本州と樺太間の定期航路用に建造した貨客船である。一九二一年六月に完成した本船は、総トン数二六六八トン、最高速力は一四ノットであった。樺太周辺の海域は冬季は結氷するために本船の船首水面下は耐氷構造（完全な砕氷構造ではない）になっており、厚さ五〇センチ程度の結氷海域の連続航行が可能で、主機関は三連成レシプロ機関であった。

「千歳丸」の旅客定員は一等と三等船客合計四三五名で積載貨物量は二六〇〇トン、航路は横浜、函館、小樽、稚内、大泊が当初計画航路であった。

本船は日中戦争勃発直後の一九三七年八月に陸軍に徴用され、陸軍病院船として運用されることになった。陸軍病院船は海軍病院船とは異なり、海軍病院船が充実した医療設備と医師を乗船させている浮かぶ総合病院であるのに対し、陸軍病院船は戦傷病将兵を後方医療施設（日中戦争の場合は実質的には日本本土の医療施設）へ搬送することを任務とする船で、完備した医療設備は持たず、応急治療などに必要な設備と担当軍医と看護婦を乗せた船であった。

「千歳丸」は日中戦争の拡大にともない多くの戦傷病将兵の輸送に携わり、徴用解除になる一九四一年八月までの間に、中国と日本間を五〇往復近く航海している。本船は陸軍の徴用が解除された直後の同年九月にこんどは海軍に徴用された。本船の新しい任務は特設砲艦兼敷設艦として就役することであった。

「千歳丸」は特設砲艦の装備として一二・七センチ単装砲四門と一三ミリ機銃数梃（後に二五ミリ機銃数梃を追加）を配備し、後部船倉は機雷貯蔵庫と調整室に改造され、機雷二五〇個を搭載した。そして他の特設敷設艦と同じく後部船倉から船尾にかけて機雷搬送・投下用の送り装置も設置された。

本艦は砕氷航行が可能であるために、オホーツク海方面を中心とする哨戒と船団護衛の任務を負うことになった。そして終戦時は樺太からの緊急避難民の北海道への輸送を担当することになったが、一段落した時点でパラオ諸島や台湾方面からの残存将兵や民間人の帰還輸送も担当した。

その後「千歳丸」は船体を修復し船内を旧来の姿に改装した後、国内沿岸航路の阪神、東京、小樽間の定期航路に就航し、旅客と貨物輸送に活躍したのであった。本船は一九六〇年に老朽化のために解体された。船齢は三九年の老朽船となっていた。

「第二新興丸」

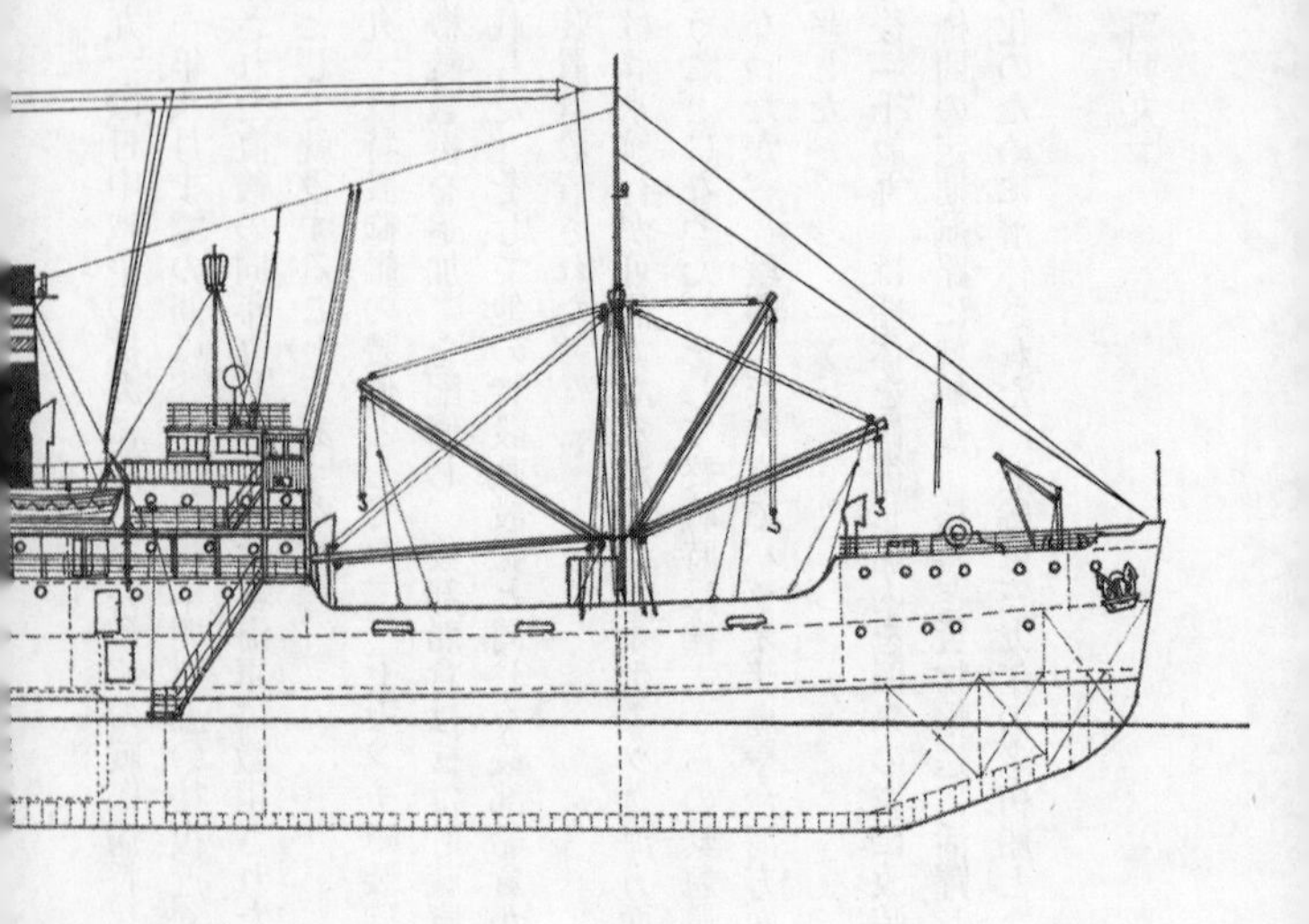

FLYING DECK

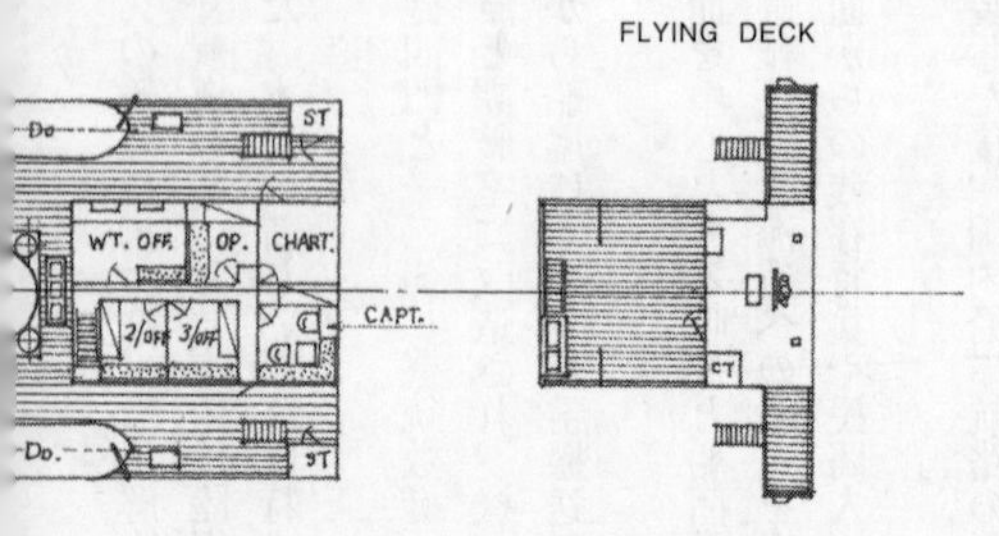

貨客船千歳丸 -1

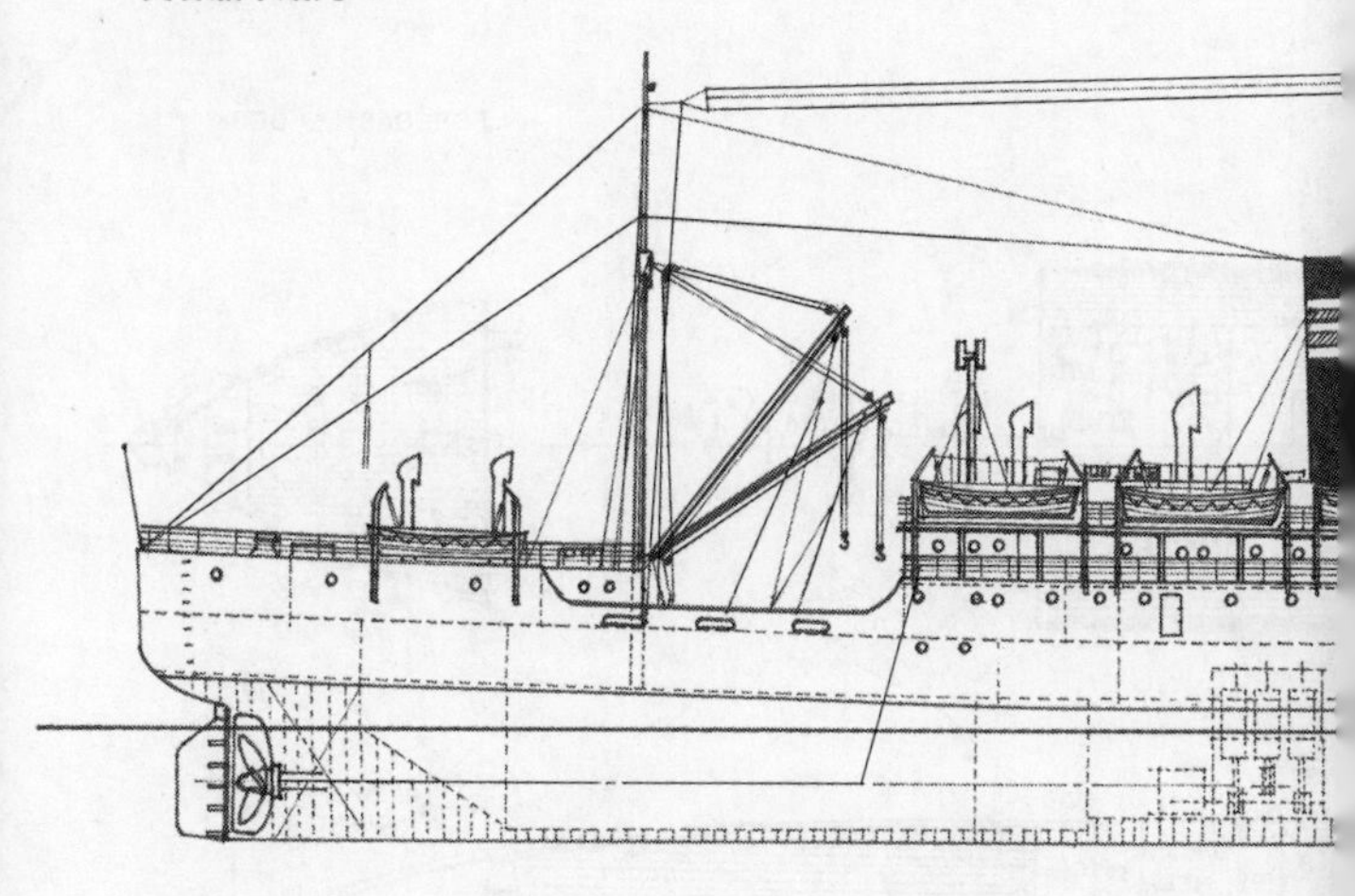

BOAT DECK

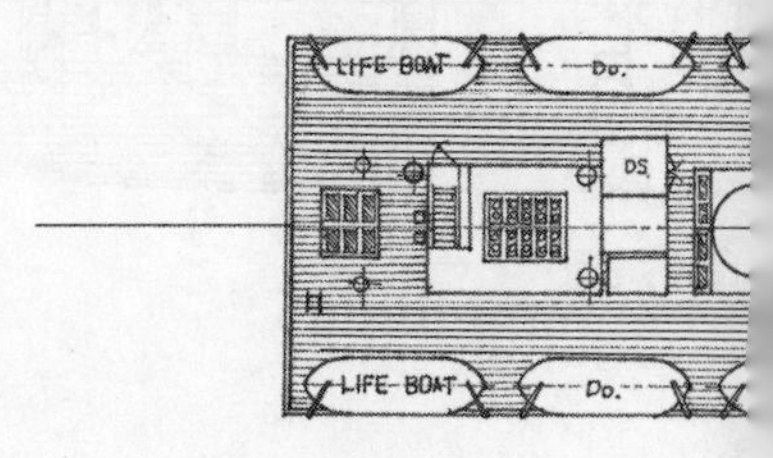

FORECASTLE DECK

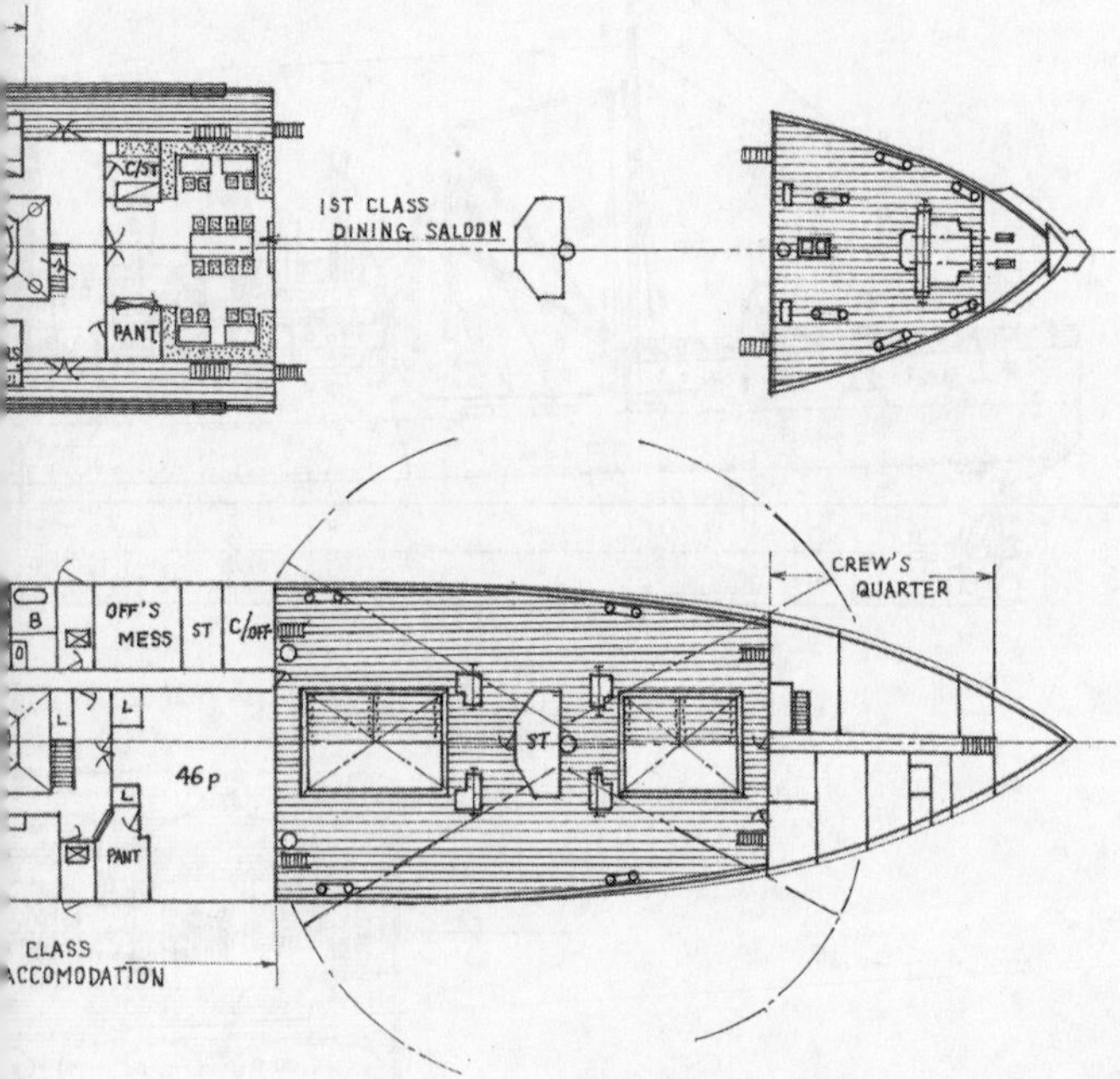

1ST CLASS DINING SALOON

C/ST

PANT

CREW'S QUARTER

B

OFF'S MESS

ST

C/OFF

L

L

46p

L

PANT

ST

CLASS ACCOMODATION

貨客船千歳丸-2

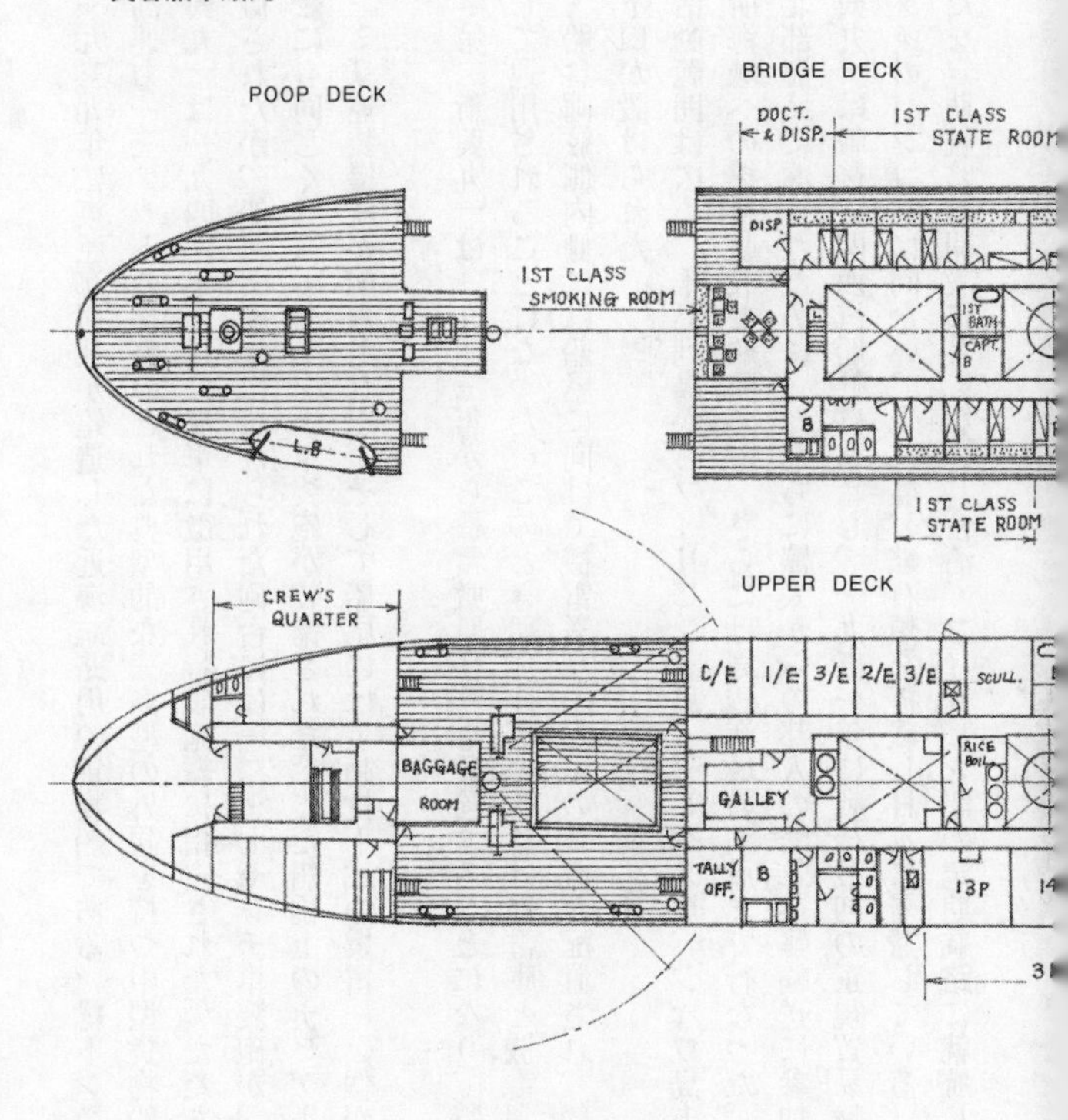
POOP DECK
BRIDGE DECK
DOCT. & DISP.
1ST CLASS STATE ROOM
DISP.
1ST CLASS SMOKING ROOM
1ST BATH
CAPT. B
L.B
1ST CLASS STATE ROOM
UPPER DECK
CREW'S QUARTER
C/E
1/E
3/E
2/E
3/E
SCULL.
BAGGAGE ROOM
GALLEY
RICE BOIL.
TALLY OFF.
B
13P

本船は一九三九年に東亜海運社が建造した近海航路用の貨物船である。総トン数二五七七トン、最高速力一三ノットの均整のとれた典型的な三島型の外観を持つ中型貨物船であった。「第二新興丸」は一九四一年九月に海軍に徴用され特設砲艦に指定された。ただちに必要な兵器が配置されたが、船首と船尾に設けられた砲台には一二・七センチ単装砲が、船首甲板の後部両舷にも同じく一二・七センチ単装砲が装備された。また船橋上のナビゲーターデッキには一三ミリ連装機銃が配備された。そして船尾には手動投下式の爆雷一〇個が搭載された。

その後「第二新興丸」は一九四三年から機雷敷設任務も兼務することになり、特設砲艦兼敷設艦として運用されることになった。このとき船体後部の船倉は機雷庫と機雷調整室として使われ、船倉両舷側内側には船尾に向けて機雷送り出し用の装置が配置され、船尾両側には機雷投下口が設けられた。

本艦の活動範囲は広く、千島列島からフィリピン諸島、セレベス島、ジャワ島方面にまで達し、要所海域への機雷敷設と船団護衛、さらには周辺海域の哨戒まで行なった。本艦は終戦時には北部海域にあったために、ただちに樺太からの邦人の緊急避難輸送に参加している。「第二新興丸」は戦後、関西汽船社に移籍し、一九五一年に戦後最初の正規貿易輸送の第一船としてタイのバンコクに向かい、米、塩、鉱石類を搭載し日本に帰還している。その後も本船は新たな定期航路の開設にともない、台湾、フィリピン間の定期航路に就航した。その途中に本船は主機関を旧式なレシプロ機関からディーゼル機関に換装し、運航効率の改善につとめている。

一九六五年に本船はパナマの海運会社に売却され、同じく貨物船として運用されていたが、その後老朽化のために解体された。


「長運丸」


本船は総トン数一九一四トン、最高速力一一ノット、一九四〇年に完成した長崎合同運輸社の小型低速貨物船であるが、特設砲艦として徴用された後、長きにわたり活用された強運の変わり種の船である。

本艦は特設砲艦としては異例の船尾機関式で、船橋構造物と船尾構造物が分離した形の異形の貨物船である。船体中央部には長尺重量物の搭載が可能な長い船倉が配置され、デリックポストには三〇トン重量物用デリックが装備され、一見特設砲艦には不似合いな船形であった。

特設砲艦に指定された本艦には、船首と船尾にそれぞれ一二・七センチ単装砲一門が装備され、他に一三ミリ機銃数梃と手動投下式の爆雷が搭載されている。

「長運丸」は一九四一年十一月に特設砲艦として改装された後、第二海上護衛隊に所属し、日本と内南洋、さらにラバウル方面との間を往復する輸送船の護衛任務についていた。本艦

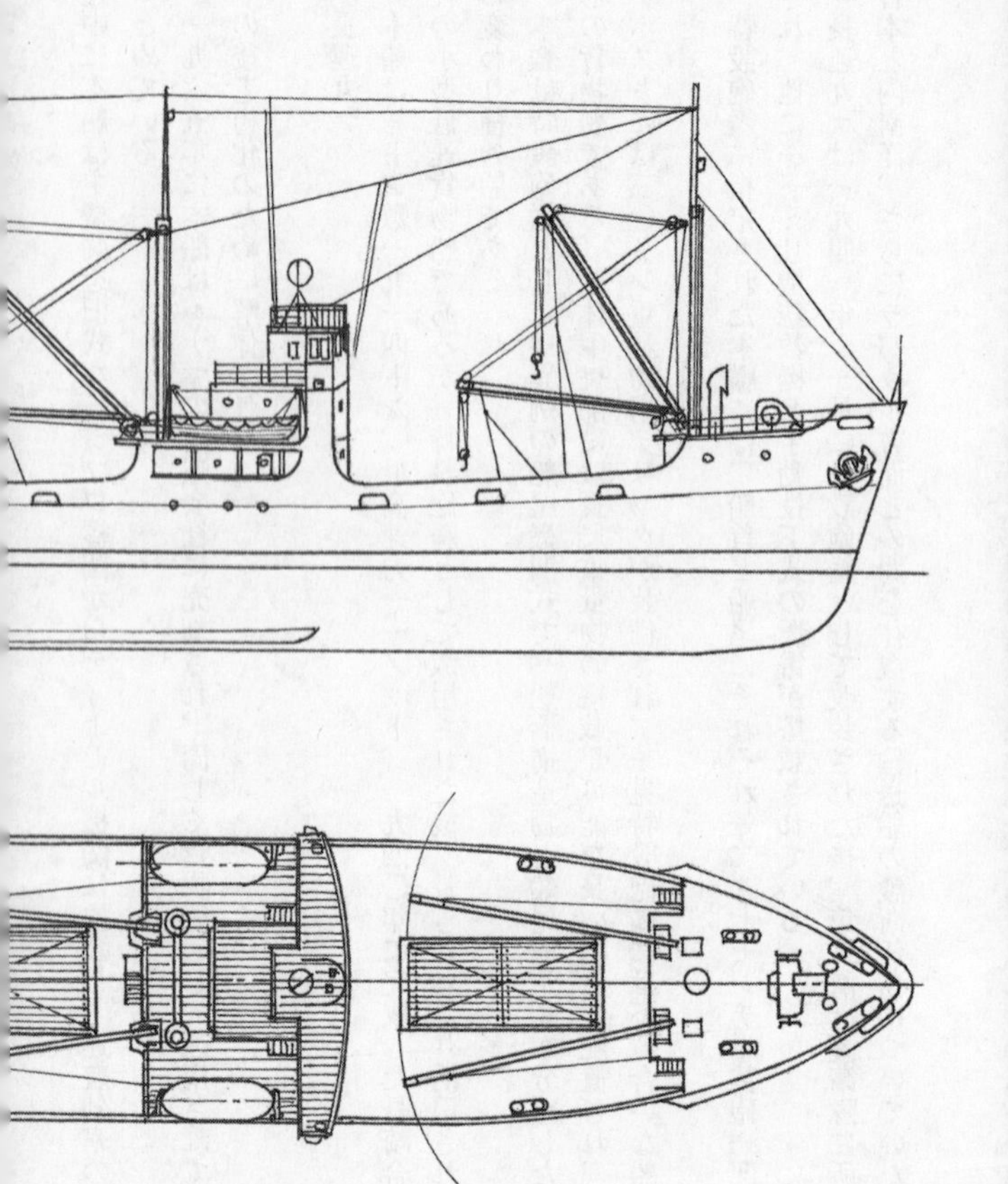

貨物船長運丸

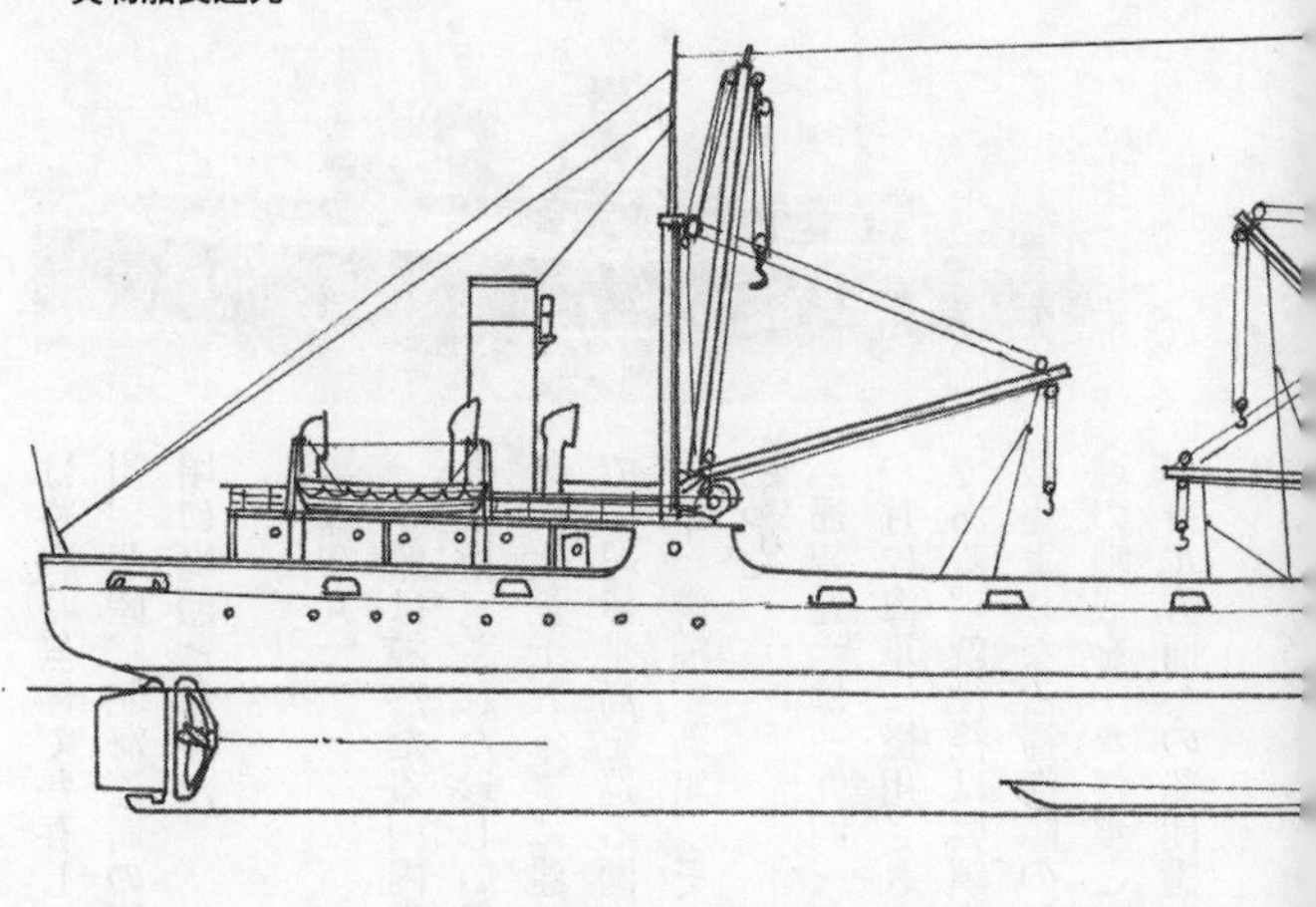

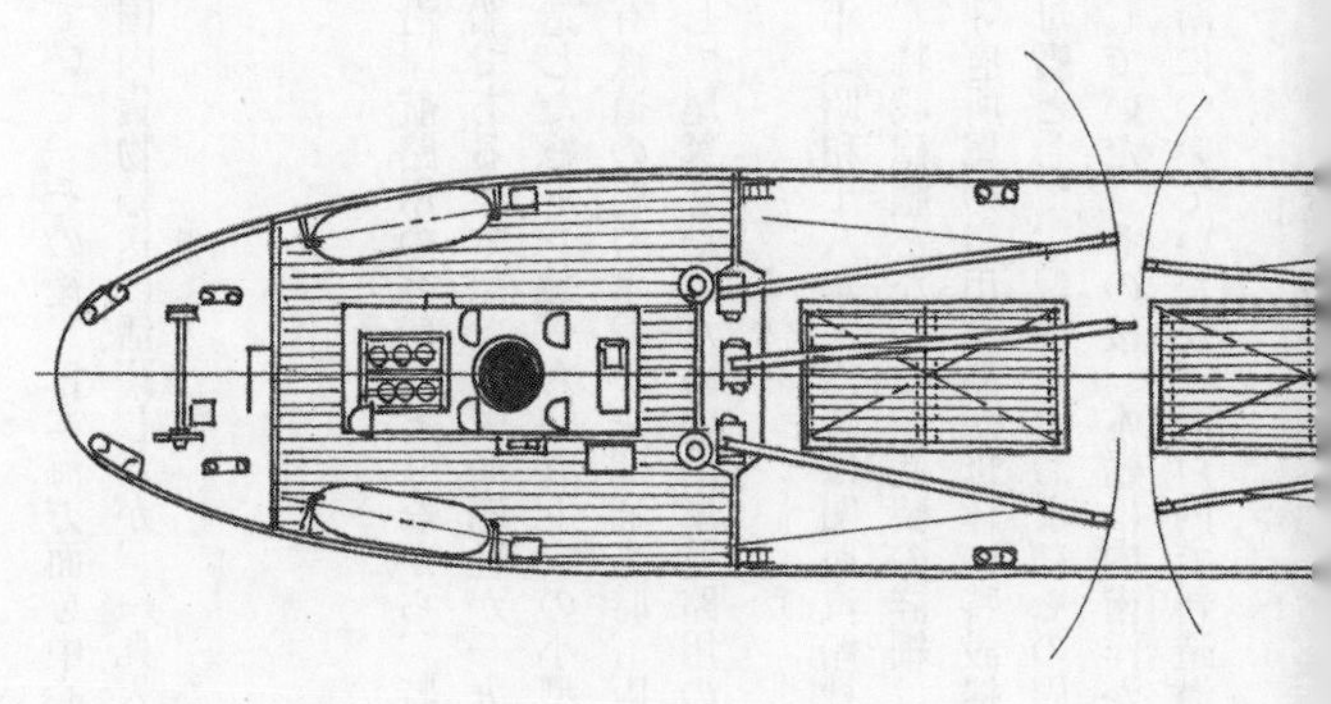

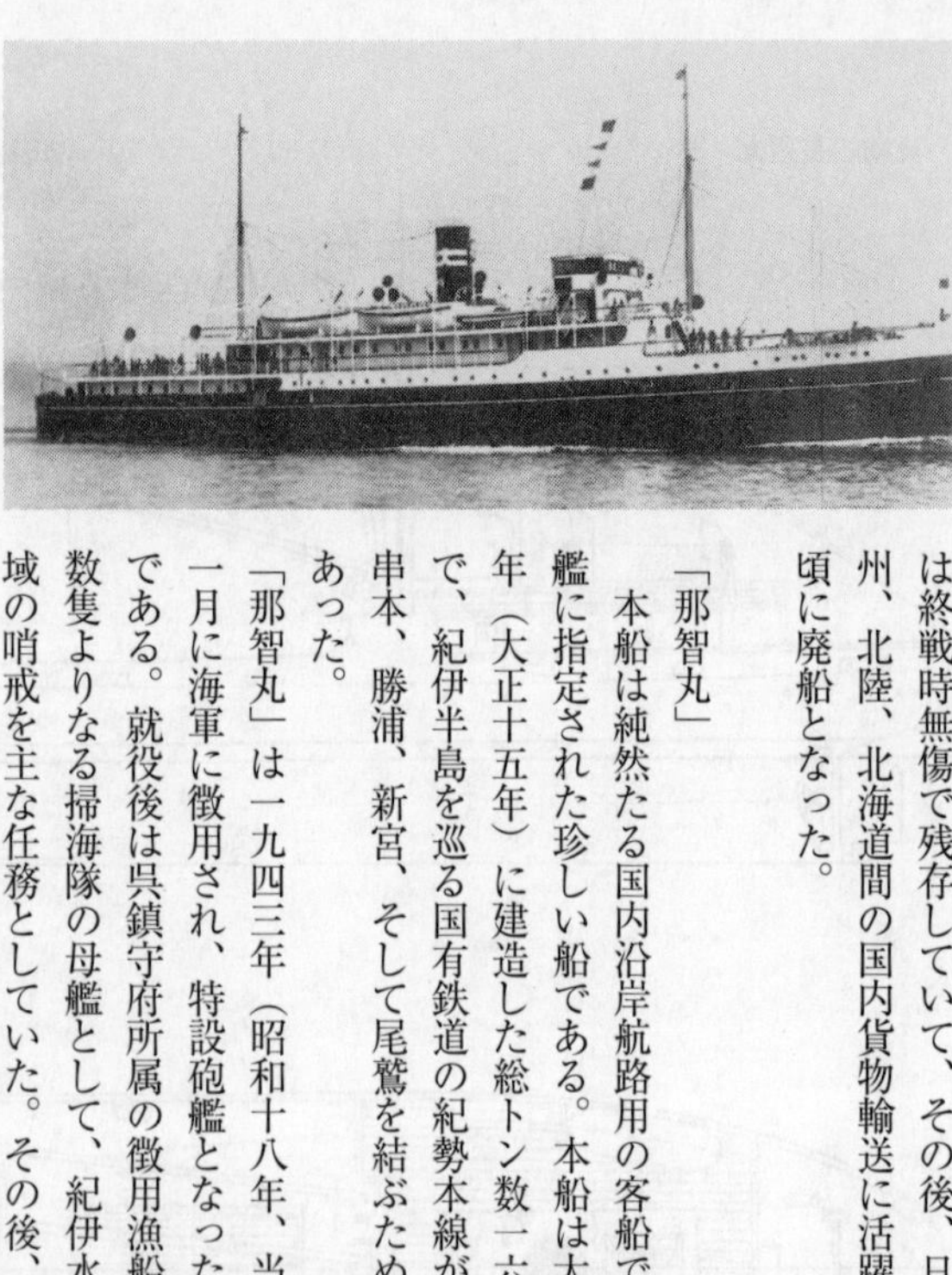
那智丸

は終戦時無傷で残存していて、その後、日本海方面を中心に九州、北陸、北海道間の国内貨物輸送に活躍したが、一九六五年頃に廃船となった。

「那智丸」

本船は純然たる国内沿岸航路用の客船でありながら、特設砲艦に指定された珍しい船である。本船は大阪商船社が一九二六年（大正十五年）に建造した総トン数一六〇五トンの小型客船で、紀伊半島を巡る国有鉄道の紀勢本線が未開通当時、阪神と串本、勝浦、新宮、そして尾鷲を結ぶための沿岸航路用の船であった。

「那智丸」は一九四三年（昭和十八年、当時は関西汽船社籍）一月に海軍に徴用され、特設砲艦となった。武装の詳細は不明である。就役後は呉鎮守府所属の徴用漁船が母体の特設掃海艇数隻よりなる掃海隊の母艦として、紀伊水道およびその周辺海域の哨戒を主な任務としていた。その後、本艦は内南洋からラバウル方面への船団護衛についていたが、瀬戸内で新造潜水艦の訓練母艦としても運用されていた。

終戦時に「那智丸」は無傷で残存しており、戦後の鉄道輸送の混乱期には阪神と四国、九州間の旅客輸送に運用され、その後輸送の安定とともに瀬戸内海航路で旅客輸送に従事し、奄美大島返還後は阪神と奄美大島間の定期船として運航されたこともあった。本船は一九六〇年に老朽化のために解体された。

「浮島丸」

本船は海軍に徴用後、三種類の特設艦の任務を遂行し、終戦時に残存した商船である。「浮島丸」は大阪商船社が沖縄航路用船舶の船質改善のために、一九三七年三月に完成させた中型貨客船で、姉妹船に「波之上丸」（陸軍輸送船として戦没）がある。

総トン数四七三一トン、最高速力一七・四ノットの「浮島丸」は一九四一年九月に特設巡洋艦として海軍に徴用された。武装は一五センチ単装砲四門と一三ミリ機銃数梃で、日本周辺や占領した東南アジア海域で哨戒任務を担当していた。

一九四三年三月付で「浮島丸」は特設砲艦に類別された。このとき本艦の武装は一五センチ単装砲二門に減ったが対空火器の強化が図られ、二五ミリ三連装機銃六基、同連装二基、同単装二梃が追加装備された。本艦の任務は第二十二戦隊の特設監視艇隊の母艦であった。同監視艇隊は徴用漁船からなる多数の特設監視艇で編成されており、数十隻で編成された一個隊が交代で日本の東方および東南方海域の監視を展開するものである。この一個隊の母艦は特設砲艦がその任務についたが、そのなかに特設砲艦「浮島丸」があった。

特設監視艇隊母艦の任務は、配置についている多数の特設監視艇の支援(補給、医療対応、救助、援護など)である。

その後、本艦は一九四五年三月に特設運送艦に用途変更され、日本本土周辺での輸送任務を行なっていたが無傷で終戦を迎えた。

その直後、「浮島丸」は日本在留の朝鮮人労働者の帰還輸送を担当することになり、八月二十二日に青森より朝鮮人を乗せて釜山へ向かう途中、連合軍の命令で一旦日本の港に緊急入港することになったのである。二十四日、本船は入港した舞鶴港口で未掃海の磁気機雷の爆発で沈没したのであった。

特設運送艦船

特設運送艦船に区分された商船は合計四二四隻に達し、特設艦船のなかでは最も多数をしめる特設艦種であった。そのなかでも数が多かったのが給油艦船と雑用船であった。

雑用船とは各艦隊や鎮守府に配置され各種輸送任務に対応するための船で、すべてが徴用貨物船や貨客船で構成されており、海外基地への人員や物資の輸送に使われた。これらは使用頻度が高く、おのずと敵の攻撃で失われる割合も高くなっていた。

特設油槽艦船

海軍は太平洋戦争中に七七隻の特設油槽艦船を運用した。その任務は艦隊付属の給油艦や基地などへの燃料油の輸送、石油産出地から海軍燃料廠への原油の輸送などである。そしてそのほぼすべてが戦禍で失われている。

この特設油槽艦船には幾種類かの油槽船や特殊油槽船が含まれている。それは建造当初より有事の際に艦隊給油艦として行動できるように海軍仕様で設計された高速・大型油槽船、第一次戦時標準設計仕様で設計された大型および中型油槽船、油槽船の絶対的な不足を補うために大型貨物船の船倉を油槽に改造した改造型油槽船で、なかには南氷洋捕鯨母船も含まれている。

海軍に重用された特設油槽船で終戦時残存した船は皆無である。しかし極めて例外的な事例で復旧された船が二隻存在する。一隻は大型高速油槽船「旭東丸」、もう一隻は南氷洋捕鯨母船の「第三図南丸」である。

「旭東丸」

本船は飯野海運社が一九三四年（昭和九年）十二月に建造した総トン数一万五一トンの大型高速油槽船である。本船は北米カリフォルニアの原油を日本に輸入するために建造したも

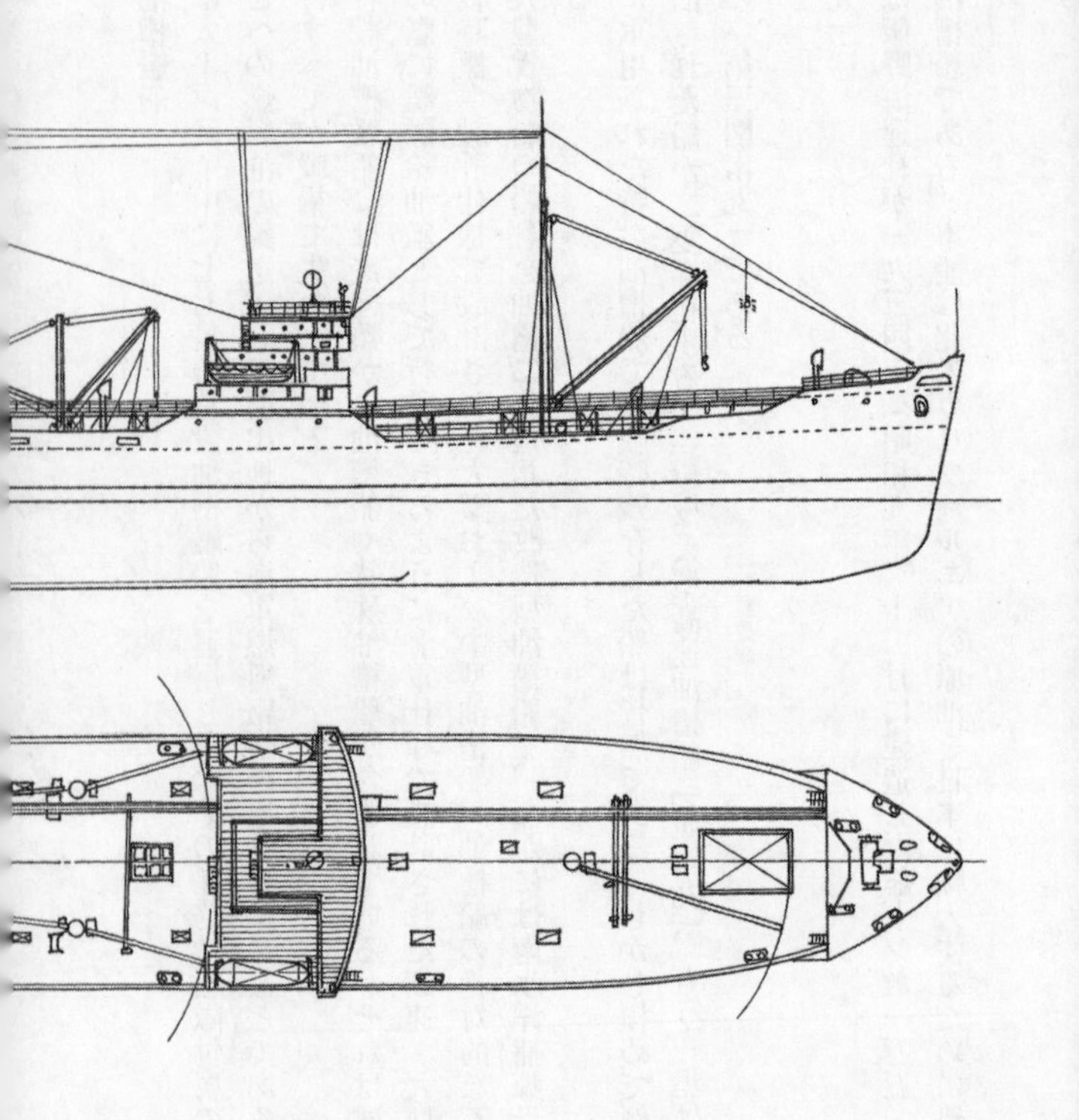

油槽船旭東丸（極東丸）

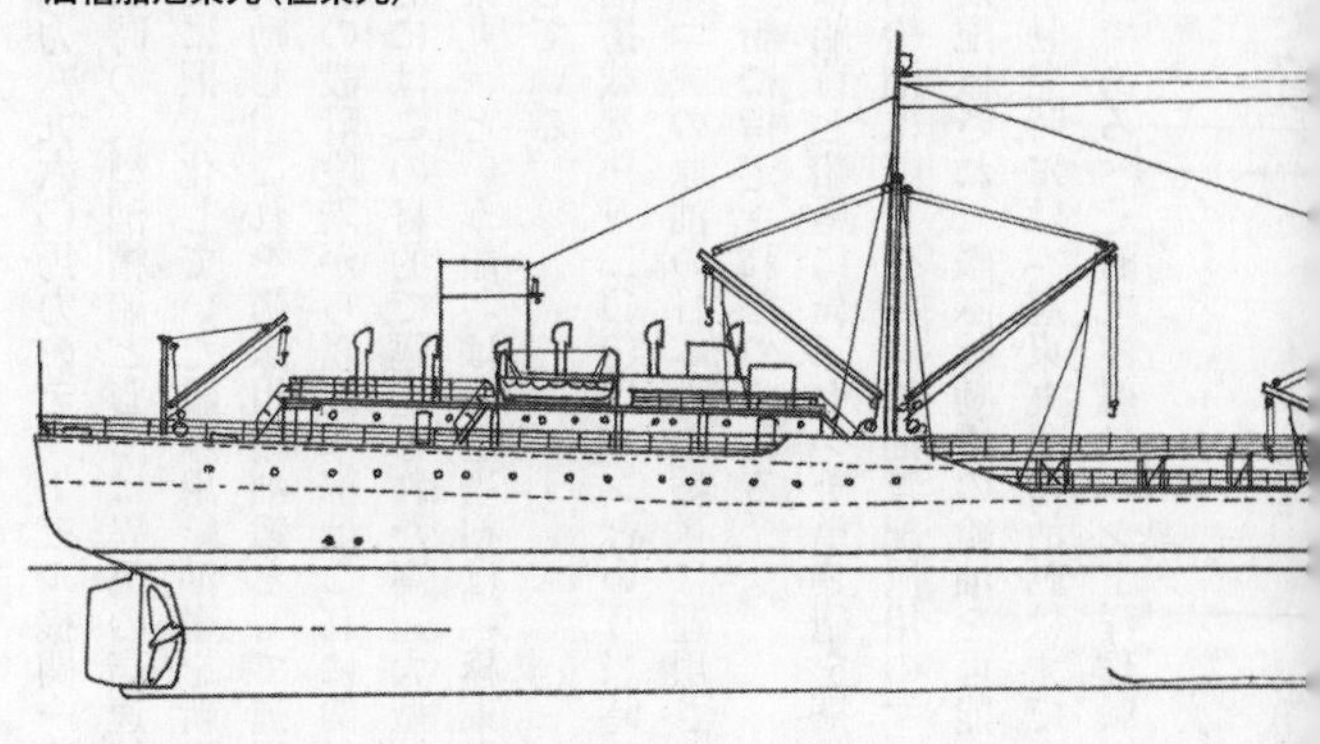

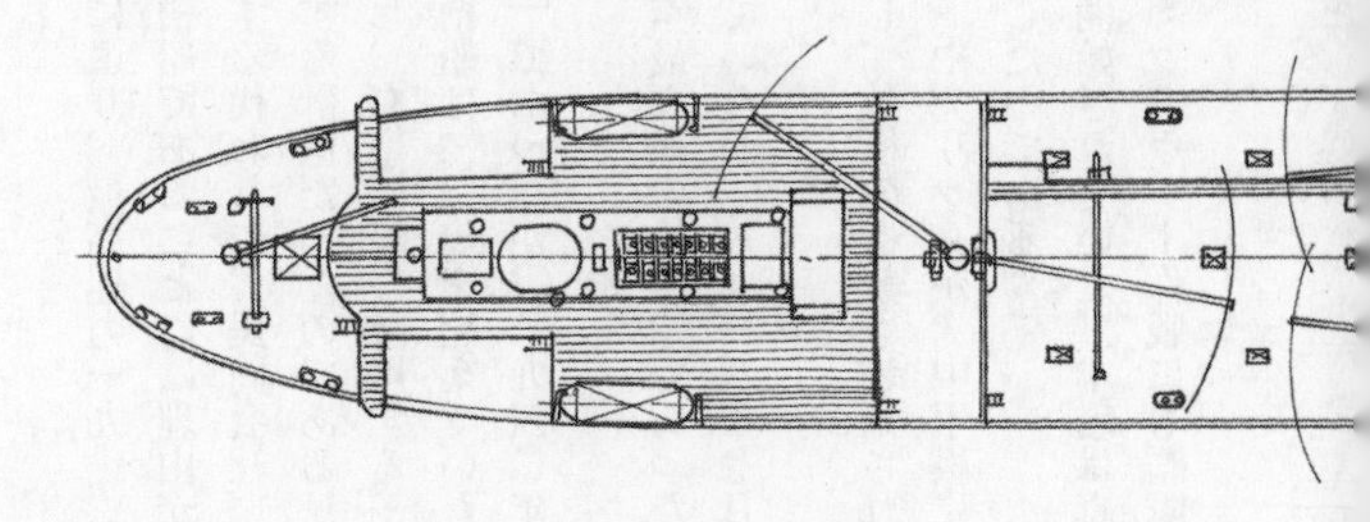

ので、最大出力八九六〇馬力のディーゼル機関一基により、最高速力一九・三ノットを発揮した。この当時の大型油槽船としては異例の高速油槽船であることには理由があった。

海軍はすでに旧式化していた艦隊用給油艦を新造する代わりに、民間会社に大型高速油槽船の建造を奨励し、これを艦隊用給油艦として運用する計画だったのである。そのためにこの大型油槽船の設計段階から艦政本部はこれに関与し、有事に際し徴用する予定であった。そして結果的にはこの目的で建造された高速大型油槽船は二〇隻を超えていたのである。なお「旭東丸」という船名は建造当初は「極東丸」であったが、一九四二年一月に「旭東丸」に変更している。

本船は石油搭載量一万二〇〇〇トンという当時日本最大級の輸送船であった。建造直後からカリフォルニアの原油の日本への輸送に運用されていたが、一九三八年七月に海軍に徴用され特設運送船に指定されたのである。

「極東丸」は船首と船尾に一二センチ単装砲を搭載し、数梃の機銃も装備された。また船尾甲板には縦列給油に際し必要な給油管配置用のマストやデリックが、中甲板には並列給油用の装備一式が配置され、艦隊行動中の給油を可能にしたのである。

太平洋戦争勃発時には「旭東丸」の活動はすでに開始されていた。本艦は真珠湾攻撃艦隊に随伴したのである。そして本艦はインド洋作戦やミッドウェー作戦にも艦隊給油艦として参加した。

その後「旭東丸」は艦隊基地での給油活動や南方原油の日本への輸送に活躍していたが、その最中の一九四四年九月、マニラ湾に停泊中に敵機動部隊の艦載機の攻撃を受けて港内の浅海に着座したのであった。その直後から本艦の浮揚作業が開始されたが、戦局の逼迫から作業は中止され放置状態となった。

戦後の一九五一年（昭和二十六年）に作業が再開され、浮揚に成功した「旭東丸」は日本まで曳航され完全に復旧したのである。このとき船体をわずかに延長しており、総トン数は一万五一〇トンに増加している。

日本油槽船社の所属となった本船は一九五二年に「かりふぉるにあ丸」に改名された。本船はその後、ペルシャ湾の石油の日本への輸送に活躍していたが、油槽船の大型化にともない輸送効率が低下し、一九六四年に解体された。一万総トン級油槽船の船齢三〇年は珍しい存在である。

「第三図南丸」

本船は日本水産社が南氷洋捕鯨母船として一九三八年九月に完成させた。総トン数一万九二〇九トンの本船は、姉妹船の「第二図南丸」とともに当時日本最大の商船であった。

「第三図南丸」の上甲板はクジラを解体するための幅広・長尺の木甲板で、上甲板下の第二甲板は広大な鯨油搾油工場と鯨肉処理工場になっていた。そしてその下は巨大な鯨油タンク

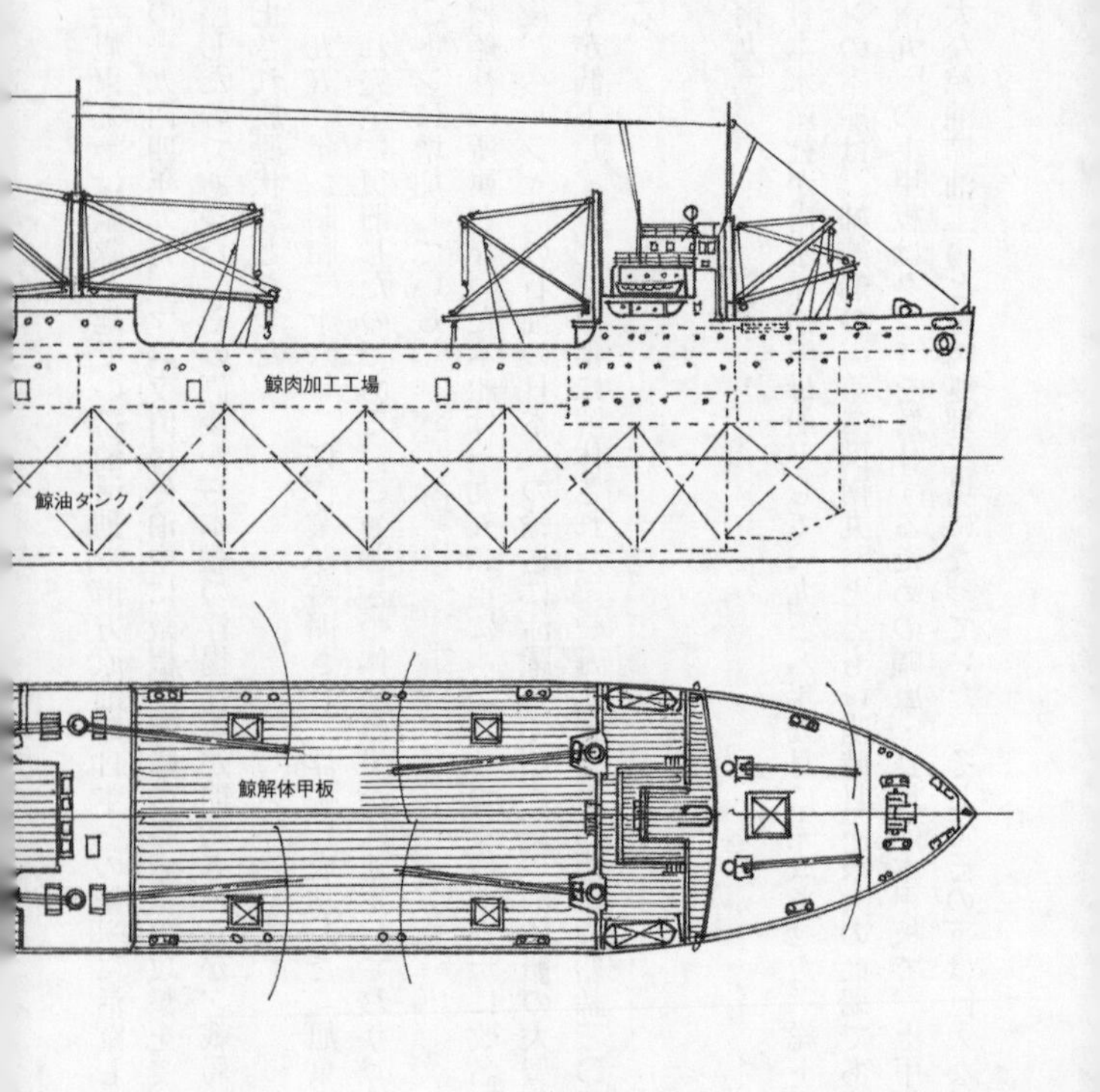

鯨肉加工工場
鯨油タンク
鯨解体甲板

捕鯨母船第三図南丸

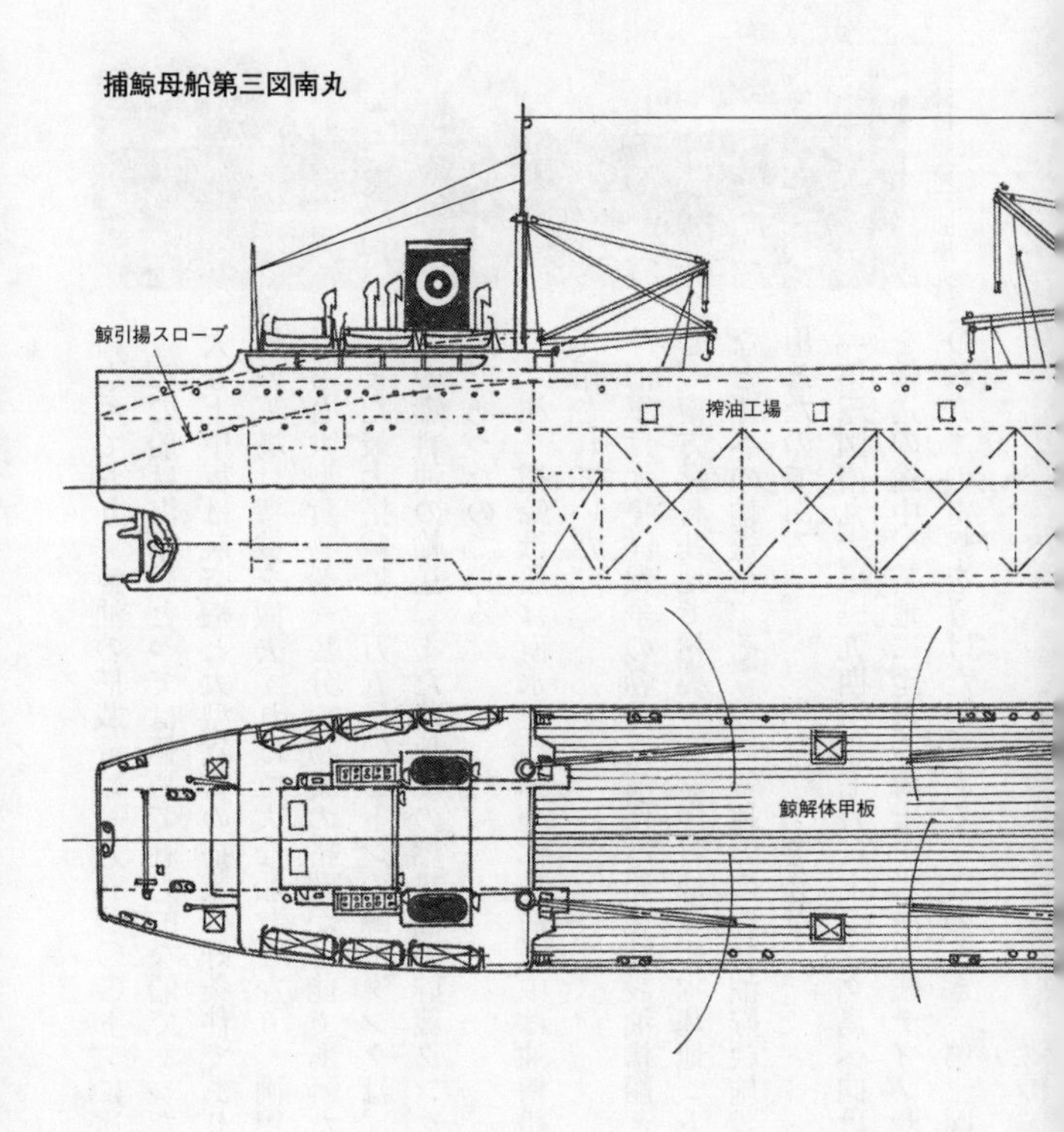

捕鯨母船第三図南丸

になっており、鯨油の搭載量は一万五〇〇〇トンに達した。

この船は海軍にとっては極めて魅力的な船であった。まず広大な上甲板は航空機と大型貨物の搭載に好条件であり、第二甲板の工場は機械を撤去すれば巨大な船倉となり、両甲板を合わせると大型貨物船一隻分の物資の搭載が可能であった。

また最大搭載量一万五〇〇〇トンの鯨油タンクは、艦艇基地との燃料油の輸送、また基地での燃料油の貯蔵タンクとして最適であったのである。

（注）捕鯨母船は南氷洋捕鯨の休養期間中は油槽船として活用されていた。

海軍は太平洋戦争の勃発直前に本船を特設油槽船として徴用し、南方燃料基地で精製される燃料油の艦隊基地（トラック島など）への輸送や、そうした基地での燃料油貯蔵施設として重用したのである。

「第三図南丸」は一九四三年七月にトラック島へ向けて燃料油を輸送の途中、基地に至近の海上で米潜水艦ティノサ（ＴＩＮＯＳＡ）の雷撃をうけたのである。このとき「第三図南丸」には合計一二本の魚雷が命中したが、その中の一〇本は信管の不良から爆発せず艦底に突き刺さったままであった。爆発したのは二本で、「第三図南丸」はかろうじてトラック島泊地に到着し沈没をまぬかれたのである。

その後、本船は在泊中の工作艦「明石」により完全修復されたが、翌一九四四年二月、再度トラック基地に来航したおりに米海軍機動部隊の艦載機の空襲で直撃弾と雷撃により環礁内の浅海に沈没したのであった。

戦後、南氷洋捕鯨が再開されるにあたり、正規の捕鯨母船の絶対的な不足を補うために、沈没状態の良好な「第三図南丸」を浮揚し、整備のうえ再度捕鯨母船として運用する計画が持ち上がり、具体化されたのである。

沈没していた「第三図南丸」は一九五一年（昭和二十六年）三月に浮揚され日本まで曳航、整備が施され、その年の第六次南氷洋捕鯨に出港したのであった。このとき本船の船名は「図南丸」となっていた。「図南丸」はその後も活躍を続け、一九七一年に解体された。

特設運送船
特設運送船として徴用された商船は合計二四二隻に達したが、その大半が戦没した。そのなかの多くが当時の日本を代表する商船で、優美な大型客船「ぶらじる丸」もその一隻であった。ほかにもニューヨーク航路の高速貨物船「南海丸」「畿内丸」「香久丸」「霧島丸」「能代丸」など多数にのぼった。これらのほとんどが戦禍で失われ、日本の商船隊は全滅ともいえる状態であった。

特設運送船の中には異質な船も混じっていた。特異な経緯で戦後復旧した在来型優秀貨物船一隻と国内航路用の小型客船二隻を紹介する。

「辰和丸」

本船は先に述べた「辰宮丸」「辰春丸」の姉妹船で、辰馬汽船社が台湾航路用に建造した高速優秀貨物船である。本船は台湾産のバナナやサトウキビの輸送に使うために、貨物倉に特殊な装備を施した船であった。総トン数六三三五トン、石炭炊きの最大出力四五〇〇馬力の蒸気タービン機関により、最高速力一七・八ノットを出せた。

「辰和丸」は一九四〇年（昭和十五年）十一月に海軍に徴用され、特設運送船（雑用）として運用されることになった。太平洋戦争開戦前から主に日本と内南洋方面の根拠地隊との将兵や物資輸送に使われていたが、開戦後はソロモン諸島方面や蘭印海域の根拠地隊への輸送も展開していた。

輸送中に敵潜水艦や航空機による幾度かの攻撃を受けているが、「辰和丸」は大きな損傷を受けることなく、戦争末期には日本沿岸での物資輸送に運用されていた。しかしその最中の一九四五年五月、瀬戸内でB29爆撃機が投下した磁気機雷の爆発により船底を損傷し、水

辰和丸

深五〇メートルの浅海に沈没したのであった。

戦後の沈没船調査の結果、本船が極めて良好な状態で沈没していることが判明し、占領軍最高司令部（GHQ）の特別許可を取得し浮揚作業が行なわれたのである。

浮揚後の一九五〇年八月に「辰和丸」は完全に復旧し、ただちに貿易輸送に投入されることになり、主にビルマやタイ国産の米の輸入輸送を担当していた。そして一九五四年五月五日、ビルマ米六〇〇〇トンを搭載した本船は南シナ海で急速に発達した台風三号に遭遇したのである。

「辰和丸」から本社への「貨物倉四ヵ所のハッチが破壊、海水侵入中」の緊急電を最後に消息は絶たれたのであった。


「にしき丸」

本船は大阪商船社が阪神・別府間の瀬戸内海航路用の旅客輸送に建造した小型客船である（後に関西汽船社に移籍）。

一九三四年建造の本船は総トン数一八四七トン、最高速力一七ノットの快速船で、旅客定員は一等から三等合計七三四名

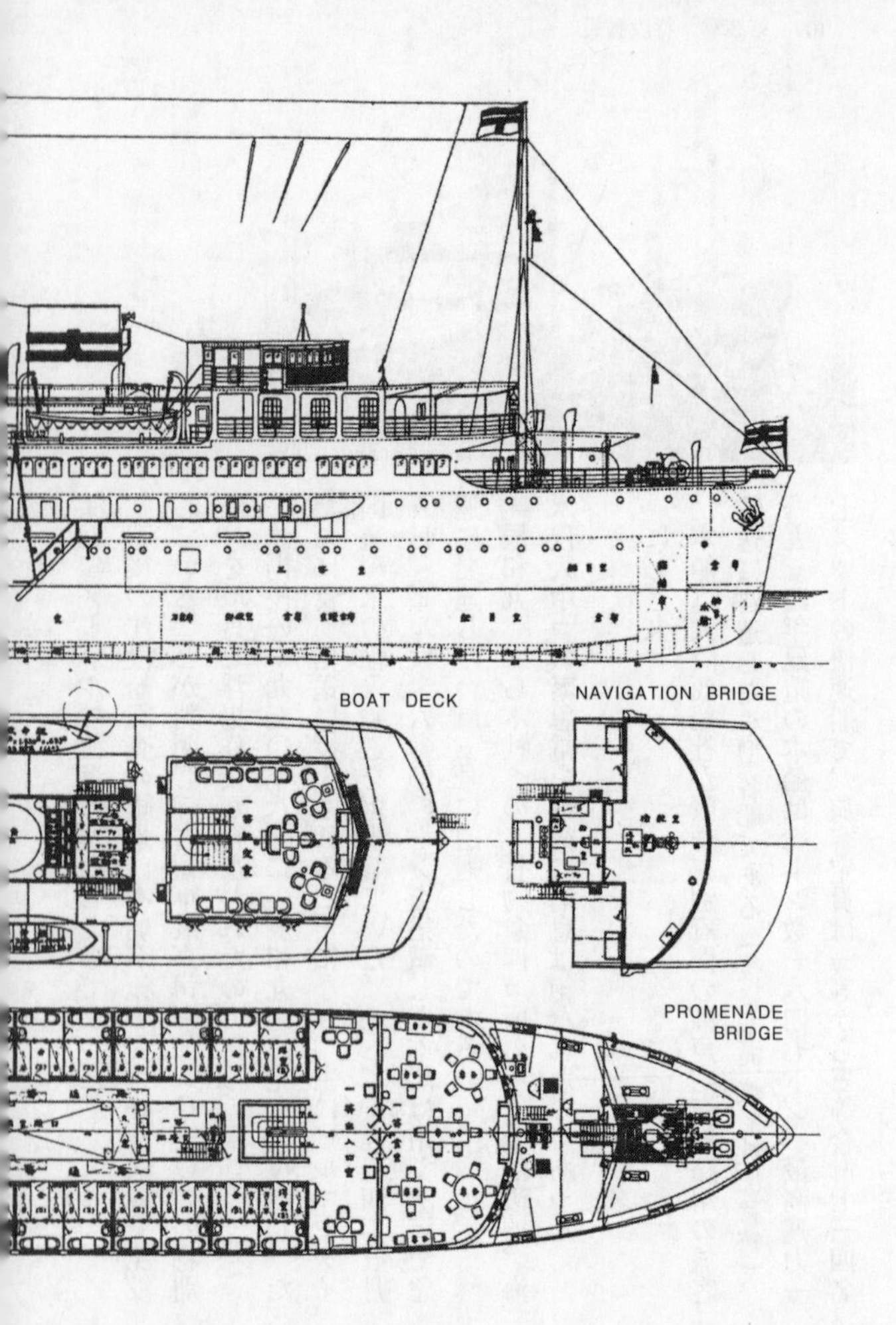
BOAT DECK
NAVIGATION BRIDGE
PROMENADE
BRIDGE

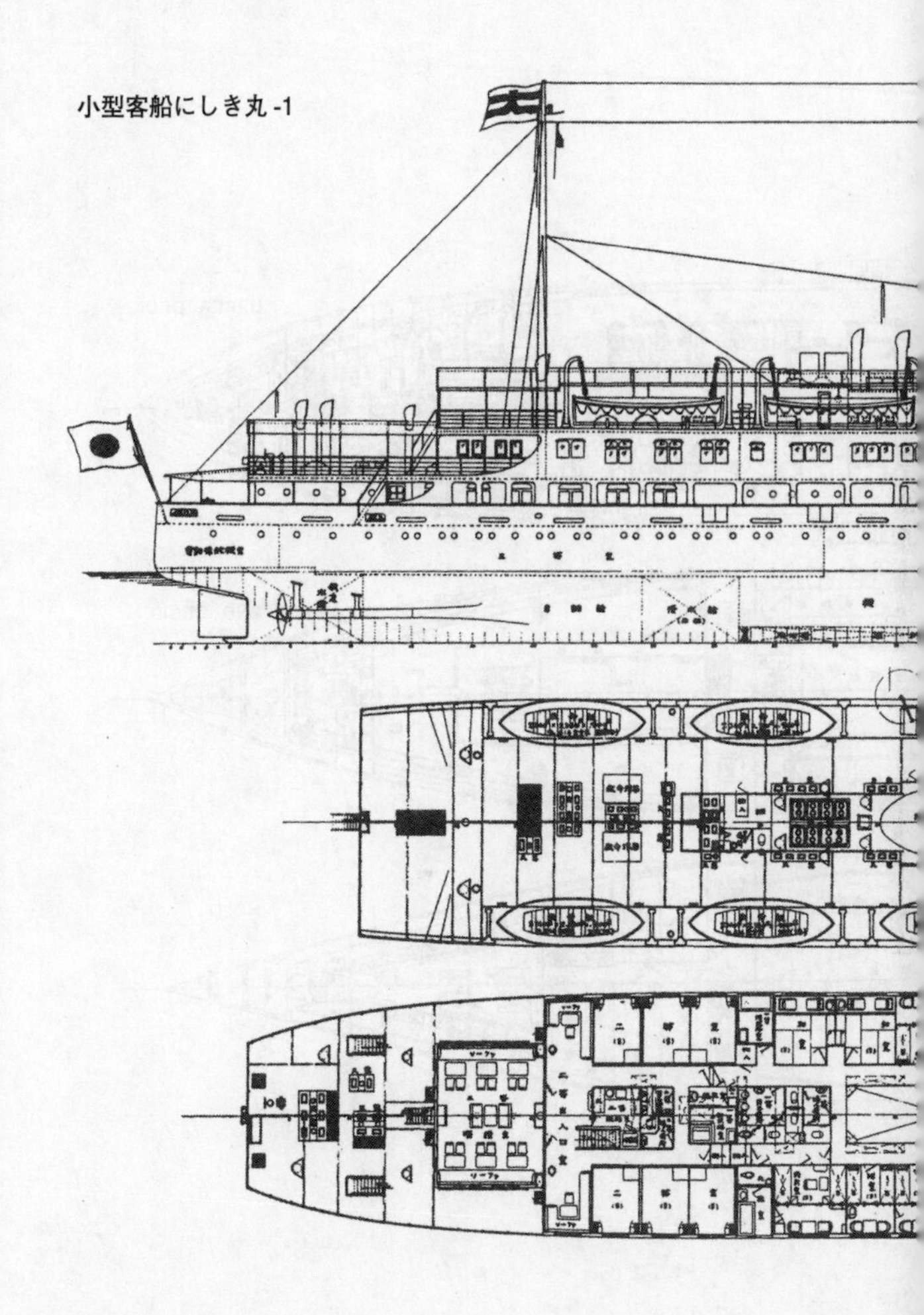

小型客船にしき丸 -1

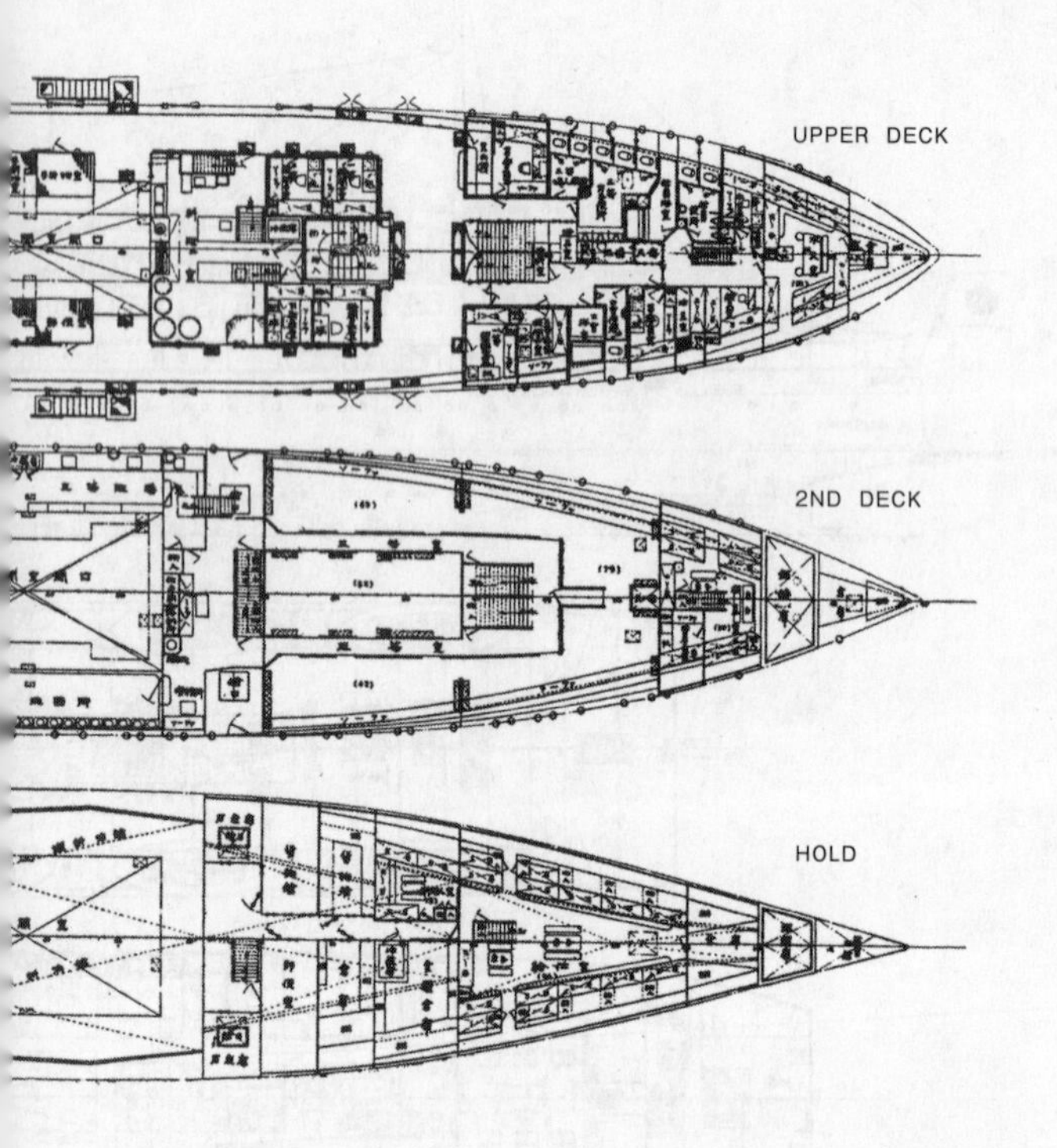
UPPER DECK
2ND DECK
HOLD

小型客船にしき丸 -2

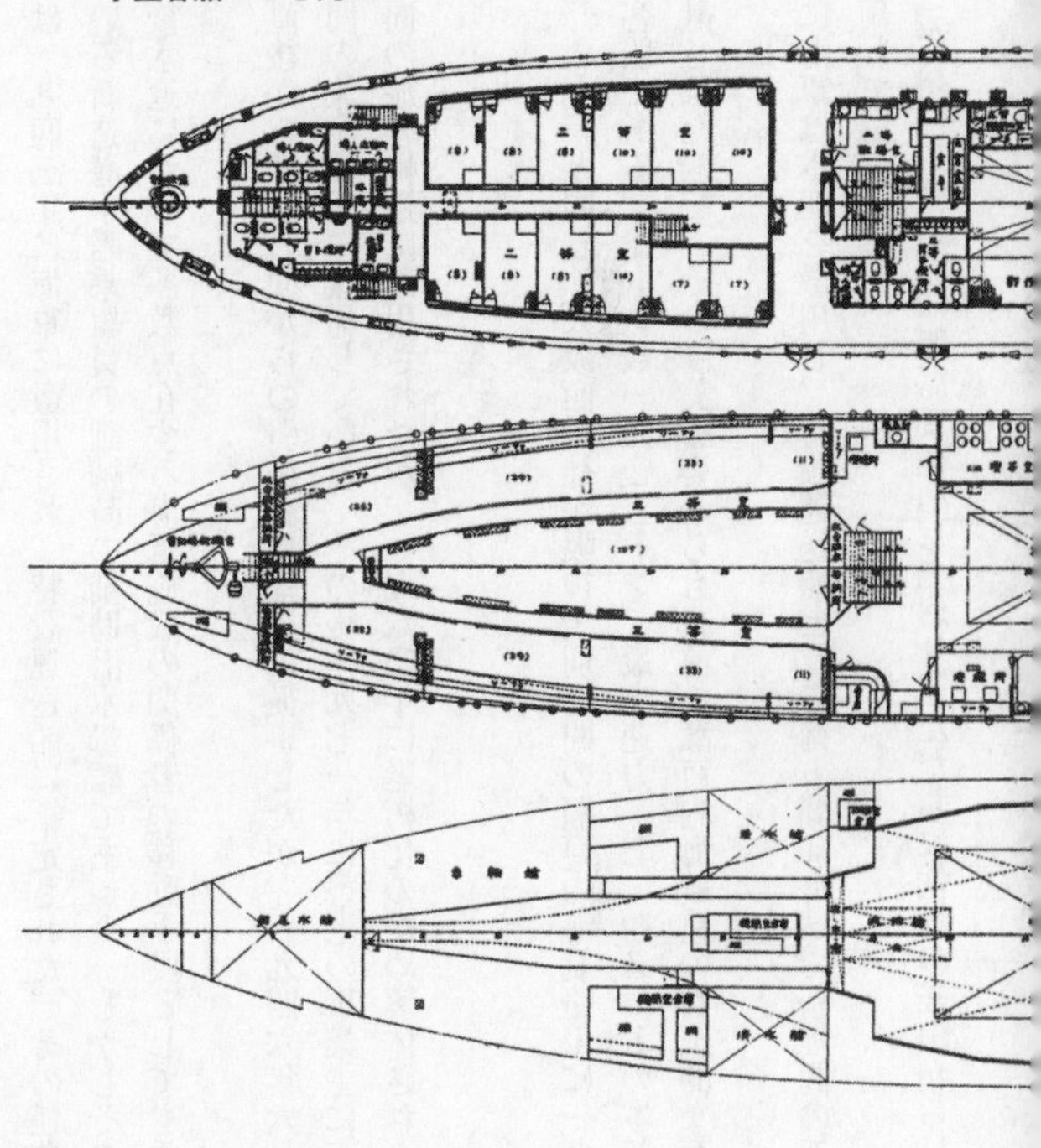

であった。

「にしき丸」は一九四三年に海軍に徴用され、特設運送船に指定された。その任務は瀬戸内で展開されている新造潜水艦乗組員の訓練時の補助潜水母艦であった。しかしその合間に、瀬戸内から豊後水道にかけて多数点在する海軍施設の関係者の移動手段としても重宝されていたのである。

本船は終戦直後から朝鮮方面からの引揚者の輸送に従事したが、一九四六年六月から従来の阪神・別府間の旅客輸送に復帰している。その後一九七一年に香港の事業主に売却され、香港・マカオ間の旅客輸送に運用されたが、一九八〇年に老朽化のため解体された。


「こがね丸」


本船は「にしき丸」と同じく大阪商船社が阪神・別府間の瀬戸内海航路用に一九三六年に建造した小型客船である。総トン数一九〇五トン、最高速力一七・四ノットの本船は最新の不沈構造で設計された船で、その優美な姿からも戦前の瀬戸内海航路の女王的な存在の客船であった。

一九四三年に海軍は本船を徴用し、特設運送船として南方蘭印海域で基地間の連絡や将兵の移動用に活用していた。

終戦時、「こがね丸」は国内に無傷で在泊しており、ただちに朝鮮の釜山から日本への引

こがね丸

揚者輸送に使われた。その後は旧国内航路にもどり、「にしき丸」とともに瀬戸内海航路の主力船として活躍した。船体の老朽化にともない「こがね丸」は一九七一年に瀬戸内海観光業社に売却され、以後広島でフローティングホテルとして使われていたが、一九七五年に解体された。

特設病院船

日本海軍は太平洋戦争の開戦に際し、既存の一隻の徴用大型病院船に加え、二隻の大型客船および貨客船を特設病院船として徴用した。また戦争末期には近海警備の特設監視艇隊を援護する目的で一隻の小型客船を特設病院船として徴用した。この三隻の船はいずれも終戦時に残存していた。なお既存の特設病院船は途中で改役されている。

病院船は他の艦艇や特設艦艇とは異なり、国際法で規定された約束事の中で行動することが義務づけられており、そのかぎりにおいては敵から攻撃を受けることはない。その約束事の基本は「いかなる戦闘行為にも加担してはならない」ということである。

たとえば病院船の安全性を見越して、食料などを含めた物資や将兵の輸送は絶対に行なってはならない。また偵察・哨戒および連絡、あるいは捕獲してはならないのである。また敵対する側も敵の病院船には攻撃、またはそれに類する行為を行なってはならないのである。もしいささかでもこの規定に違反する行為を行なった場合には、当該病院船は撃沈の対象となるのだった。

なお病院船を準備する場合には、かならず中立機関の国際赤十字組織に事前にその船名や形状などを詳細に報告し、敵対国に対して国際赤十字組織を通じてその内容が通報され、敵側に周知徹底されることになっているのである。

また海軍病院船の任務は、艦艇乗組員や根拠地隊員などの診療・診察、さらには基地防疫などを行なうことであり、内科、外科、眼科、歯科などの診療および入院設備を有し、対応可能な複数の専門医師（軍医）と看護兵（海軍病院船には看護婦を乗船させない）が乗船することが義務づけられているのである。つまり海軍病院船は浮かぶ総合病院と表現できる施設なのである。

「氷川丸」

本船は一九三〇年（昭和五年）四月に日本郵船社がシアトル航路用に建造した貨客船で、

氷川丸

総トン数一万一六二一トン、最高速力一八・二ノットの優秀船である。姉妹船には特設潜水母艦となった「日枝丸」と「平安丸」がある。

「氷川丸」はシアトル航路に就航以来、同航路が中止される一九四一年八月までに七四航海している。この間に国内外の多くの著名人が本船の乗客となっているが、その中には名優のチャールズ・チャップリンも含まれていた。

「氷川丸」は一九四一年十一月に海軍に徴用され特設病院船に指定された。病院船への改装は年内に終了し、ただちに連合艦隊直属となり、艦隊の医療に専念することになった。本船は任務中に幾度かの危機には直面したが、航行に支障をきたすほどの損害を受けたことはなかった。

「氷川丸」の船体は純白に塗装され、船腹と甲板上には大きく赤十字のマークが描かれていた。船内の既存の各等公室の多くは治療室や手術室、あるいは薬剤調合室、病理検査室、レントゲン室などに改装され、一等船室は病院長室、各科軍医の居室、一部は高級士官用の病室として使われることになった。また二等船室や三等船室は病院関係者の居室や下士官兵用の病室として使われることになったが、患者数の増加にともない船倉の第二甲板も下士官兵用の病室として使われたのである。なおボートデッキの一角には火葬装置も準備されていた。

特設病院船の場合は既存の乗組員は船の運航に専念することが義務づけられており、一方の病院側は院長（海軍軍医大佐）の指揮下に病院組織が管理され、病院長などが船の航行に関して口出しすることはできない規則になっていた。

「氷川丸」はトラック島など艦隊根拠地は当然のこととして、他の艦隊集結地や根拠地隊基地をめぐり、医療および防疫活動をひろく展開した。

終戦時、「氷川丸」は舞鶴港に無傷で在泊していた。本船は終戦直後からただちに内南洋方面の飢餓状態にある根拠地隊将兵の救出に向かった。そして主にチモール海方面の島々に残留している将兵の帰還輸送に専念した。

その後「氷川丸」は一九四七年から一九四九年まで阪神、横浜、室蘭間で貨客輸送に従事した後、一九五三年まで希少な外航商船としてアメリカ、東南アジア、ヨーロッパ方面に向けて不定期の貿易輸送に運用された。そして一九五三年からは本船は再開されたシアトル定期航路に復帰し、同航路の定期貨客船として一九六〇年八月まで活躍した。「氷川丸」は戦

（上）客船高砂丸、（下）引揚船高砂丸

前の航路で七四航海、戦後に四六航海、合計シアトル航路を一二〇往復したことになった。

「氷川丸」はその後、新設された横浜港の山下桟橋に係留され、記念船として現在でも公開展示されている。本船は国の重要文化財に指定されているが、船としての重要文化財では、現在東京都江東区の東京海洋大学構内に固定保存されている帆船「明治丸」とともに二隻目の船である。

「高砂丸」

本船は大阪商船社が台湾航路の船質改善のために一九三七年七月に建造した大型貨客船である。総トン数九三四七トン、最高速力二〇・二ノットの本船は本航路最大の客船であった。航路は神戸と基隆を、途中

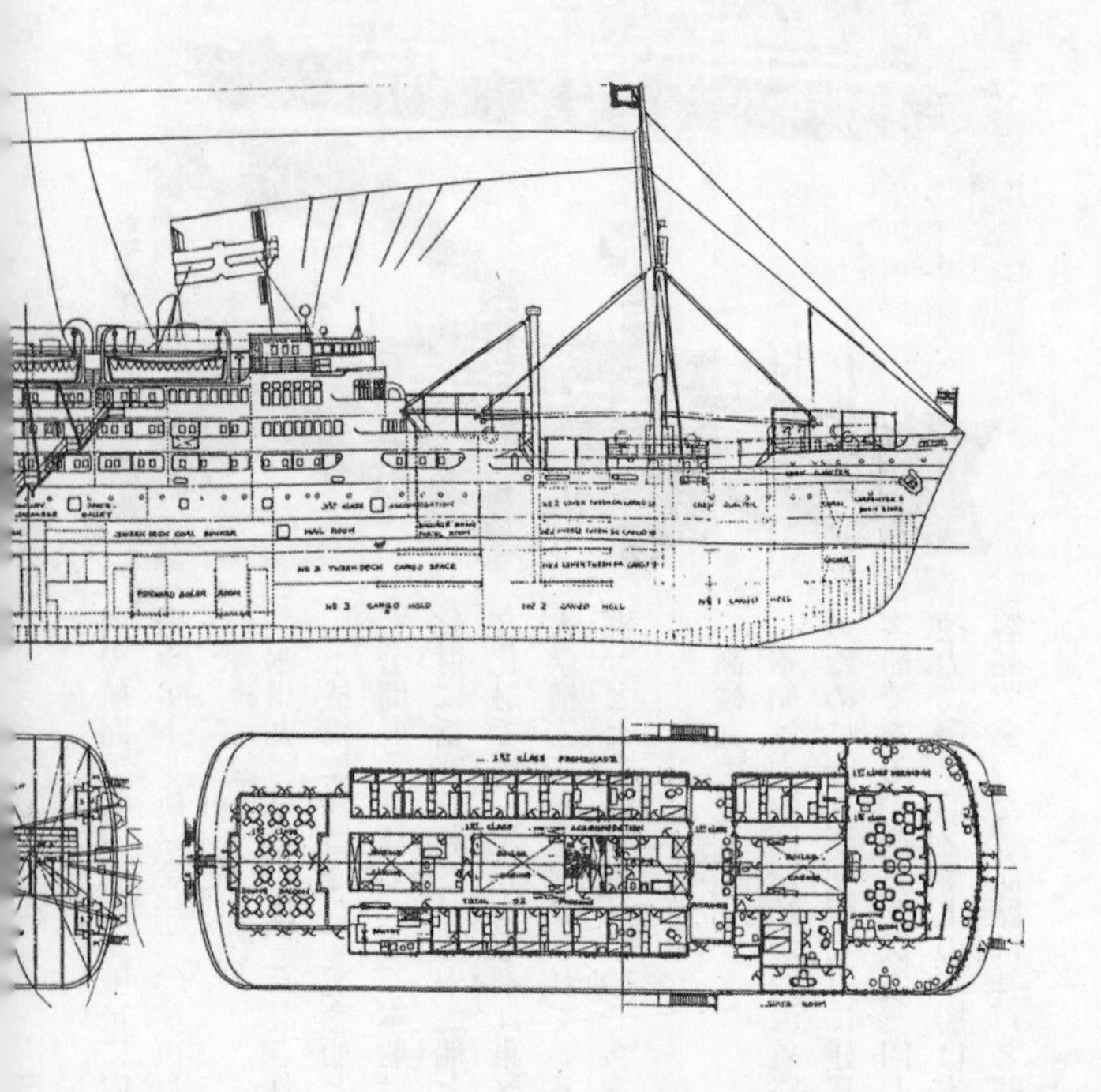
1ST CLASS PROMENADE
TWEEN DECK COAL BUNKER
MAIL ROOM
NO 3 TWEEN DECK CARGO SPACE
FORWARD BOILER ROOM
NO 3 CARGO HOLD
NO 2 CARGO HOLD

客船高砂丸 -1

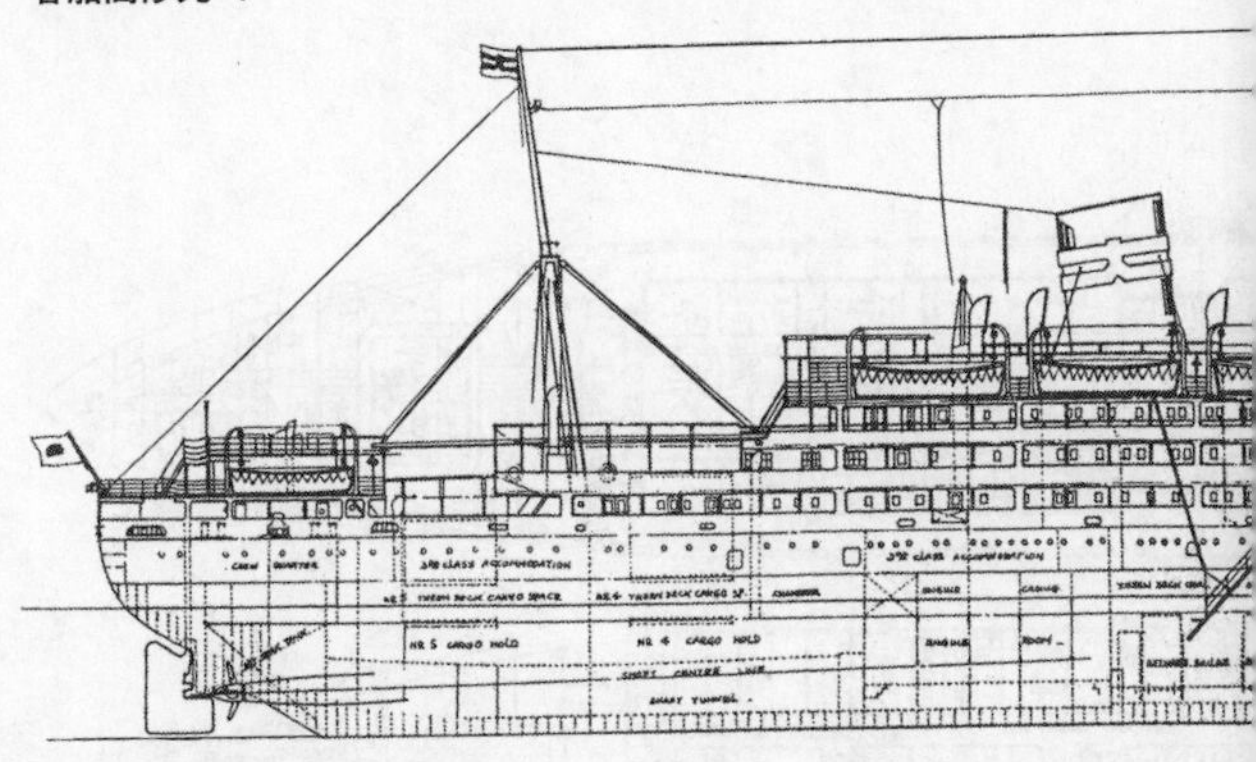
CREW QUARTER
3RD CLASS ACCOMMODATION
NR 5 TWEEN DECK CARGO SPACE
NR 4 TWEEN DECK CARGO SP.
3RD CLASS ACCOMMODATION
NR 5 CARGO HOLD
NR 4 CARGO HOLD
SHAFT CENTER LINE
SHAFT TUNNEL

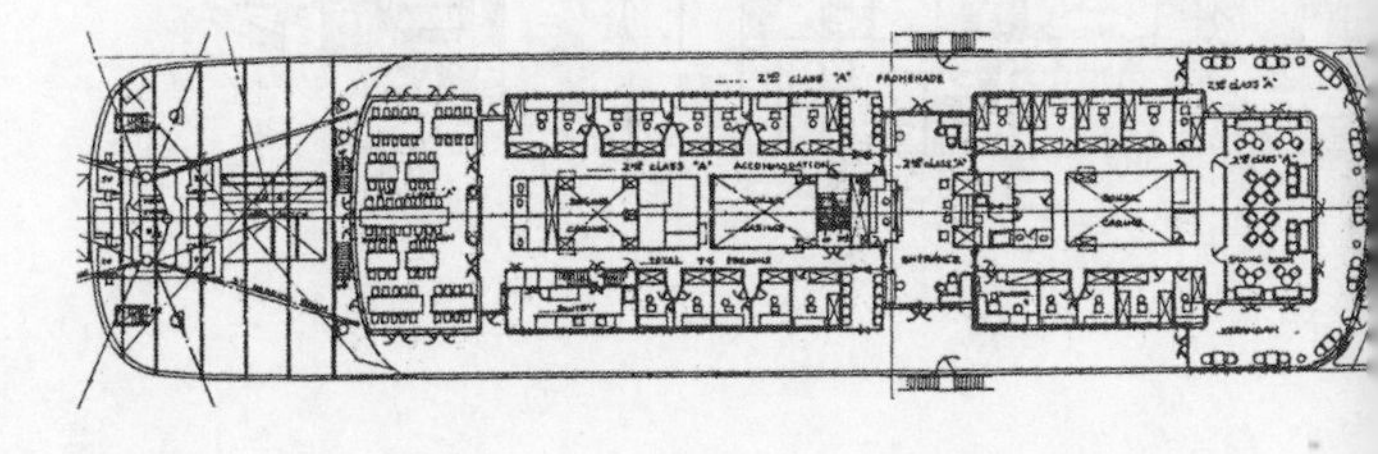
2ND CLASS "A" PROMENADE
2ND CLASS "A" ACCOMMODATION
ENTRANCE

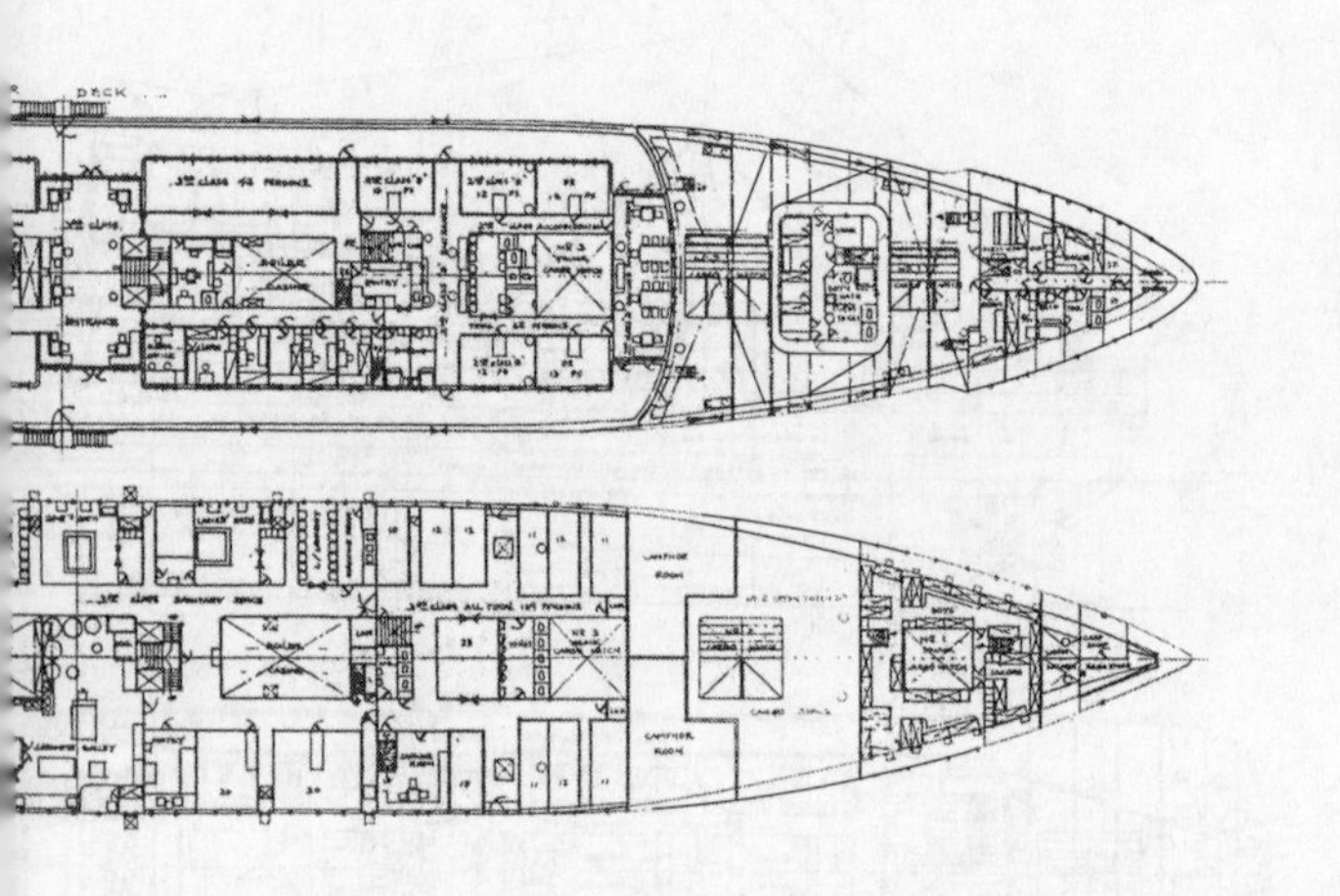

客船高砂丸 -2

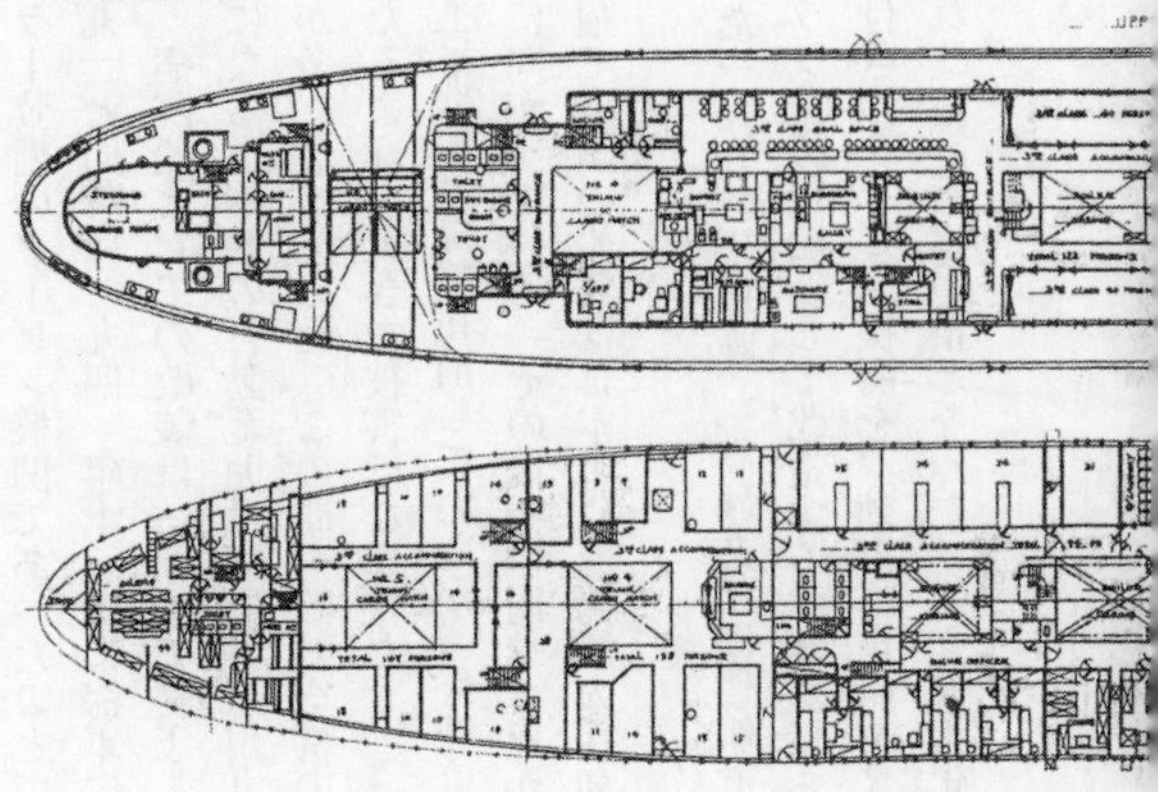

門司港経由で三日間の行程である。旅客定員は一等から三等まで合計九〇一名で、豪華な客室と公室で船客の人気を博していた。また本船の特徴は、当時この規模の商船には少数となっていた、石炭炊きボイラー装備のタービン機関であったことである。

「高砂丸」は先の「氷川丸」と同時に一九四一年十一月に海軍に徴用された。運用目的は同じく特設病院船であった。病院船としての改装は一ヵ月で終了し、ただちに連合艦隊直属となり活動を開始することになる。本船の行動範囲はほぼ「氷川丸」と重複するが、蘭印、ニューギニア海域での活動が多くなっていた。この間、敵航空機の攻撃や機雷の誘爆による損傷を受けたが、沈没にいたるような大きな被害はなかった。

終戦時、「高砂丸」は東京港に無傷で在泊していたが、終戦直後から内南洋方面に残留する海軍陸戦隊将兵の救出に向かっている。その後、中国やソ連からの抑留将兵の帰還輸送に活躍したが、この間の活躍で本船の船名は日本中に引揚船の代名詞として知られるようになった。

引揚者輸送が一段落した一九五〇年以降、「高砂丸」は運航計画はなく国内に係留されていたが、一九五一年にブラジル移民船として改造する計画が持ち上がった。しかし本船の不経済な石炭炊きボイラー付きのタービン機関を、効率の良いディーゼル機関に換装する計画も費用の高騰から断念され改造計画は中止となった。一九五六年、「高砂丸」は解体された。

菊丸

「菊丸」

本船は当時の東京湾汽船社（後の東海汽船社）が一九二九年に、東京と伊豆七島を結ぶ旅客輸送用に建造した総トン数七五〇トンの小型客船である。本船は主に東京と大島経由で伊豆半島の下田を結ぶ定期旅客船として親しまれてきたが、一九三八年に陸軍に徴用され中国に渡った。本船の中国での任務は陸軍部隊の揚子江沿岸の輸送であった。

その後、「菊丸」は一九四二年に徴用解除となったが、即刻こんどは海軍が徴用したのである。その用途は特設捕獲網艇として運用するためであった。捕獲網とは港湾や海峡などの出入り口に敵潜水艦の侵入を防止するために設置する鋼製の網で、本艇は大湊防備隊に所属し、主に津軽海峡の捕獲網設置を任務としていた。

しかし一九四五年一月に「菊丸」は特設病院船に任務が変更になった。病院船としての本船の任務は、本州のはるか東方および東南方に広く配置される特設監視艇（徴用漁船）の乗組員に対する医療である。

単独で孤独な監視活動を展開する多数の特設監視艇の乗組員に

対する医療は極めて重要で、配置任務中の監視艇乗組員や基地で待機する乗組員への診療を行なうのである。「菊丸」は小型客船であるが、小規模病院船として格好の構造と配置をしていることから本船が選定されたと判断できるのである。

終戦時、「菊丸」は無傷で残存していた。その直後から本船は小笠原諸島や朝鮮半島の近距離からの残留日本将兵の引き揚げ輸送に運用されたが、一九四七年からは整備の後、大島・下田航路に復帰した。その後長らく本船は同航路で活躍していたが、一九六七年に老朽化のために解体された。

特設特務艇

特務艇には敷設艇、駆潜艇、掃海艇、監視艇、哨戒艇などが含まれるが、これら特務艇の特設艇としての対象となった船のほぼすべてが各種漁船であった。そしてその損耗率は極めて高く、特設特務艇として徴用された各種漁船は記録上で八四一隻とされるが、その中のおよそ六四〇隻が敵の攻撃で失われているのである。その損耗率は七〇パーセント以上という高率である。そのなかでもとくに損耗率が高いのは特設駆潜艇と特設監視艇で、いずれも七五パーセントを越えていた。

特設特務艇に徴用された漁船は南氷洋捕鯨船、遠洋底引き網漁船、遠洋トロール漁船、遠洋カツオ・マグロ漁船など多岐にわたっている。これらの漁船は大規模漁業会社の所属から個人所有まで様々であり、その行動やその後について記録されていない船が多く、その実態を詳細に知ることは極めて困難なのである。ここでは終戦時とその後の状況が判明している幾隻かの船について紹介したい。

特設駆潜艇

駆潜艇に必要な性能は航洋性に優れ、ある程度の速力を有し、搭載力があることである。この条件に最もよくあてはまる漁船は南氷洋捕鯨船（キャッチャーボート）であった。キャッチャーボートには遠洋と近海の二種類があり、駆潜艇に適しているのは遠洋捕鯨船である。南氷洋捕鯨船は特設駆潜艇としての条件がそろっていた。また遠洋捕鯨船は一隻の母船に対し六隻から一〇隻で構成されているために、同一性能の船をまとめるには最適な漁船であったのだ。したがって特設駆潜艇には二六五隻の漁船が徴用されたが、その中の多くが南氷洋捕鯨船であった。

これら南氷洋捕鯨船の標準的な性能はつぎのとおりとなっていた。

総トン数三五〇トン
主機関一三〇〇馬力
最大出力一三〇〇馬力
最高速力一四ノット

航続力三〇〇〇キロ以上

捕鯨船は耐波性に優れ、小回りが利き、安定性が高く、しかも適度な速力を持っていた。また甲板上に武装を搭載設置する余裕を持っており、このために小口径の単装砲や機銃、爆雷投射機の設置、爆雷の搭載が可能で、対潜水艦戦闘には格好の船であったのだ。後には潜水艦探知用の水中聴音器や水中探信儀（ソナー）も搭載された。このために特設駆潜艇は対潜活動ばかりでなく、戦争後期にはその多くが船団護衛にも活用されていた。

「第五拓南丸」

本船は日本水産社が新たに建造した捕鯨母船「第二図南丸」に付属する捕鯨船である。総トン数三四五トン、最高速力一四・四ノットの「第五拓南丸」は一九三七年（昭和十二年）九月に完成し、ただちに新造母船や僚船とともに南氷洋へ向かった。

その後一九四〇年十二月に「第五拓南丸」は海軍に徴用され、特設駆潜艇として運用されることになった。太平洋戦争勃発翌年には、本艇は蘭印のバンダ海周辺を守備範囲とする第二十四根拠地隊に所属し、アンボン島のアンボンを基地として対潜活動に投入された。

本艇の武装は八センチ単装砲一門、一三ミリおよび二五ミリ機銃を装備、爆雷一二個と両舷式の爆雷投射機一基を搭載した。なお潜水艦探知装置として水中聴音器（後に水中探信儀）も装備した。

「第五拓南丸」は終戦時には無傷で残存しており、翌一九四六年より再開された南氷洋捕鯨に出漁しているが、その後まもなく老朽化のため解体された。

なお終戦直後に再開された南氷洋捕鯨では、捕鯨母船のすべてを戦禍で失っていたために、戦時標準設計の大型油槽船（２ＴＬ型）を応急改造した母船（「錦城丸」や「橋立丸」）で対応した。

「第十一昭南丸」

本船は「拓南丸」級捕鯨船に続き日本水産社が建造した南氷洋捕鯨船である。総トン数三五五トン、最高速力一三・六ノットの本船は一九三八年八月に竣工した。

「第十一昭南丸」は一九四一年に海軍に徴用され、特設駆潜艇に指定された。武装などは「第五拓南丸」と同じである。本艇は内南洋のマーシャル諸島のクエゼリン島を根拠地とする第六根拠地隊に所属し、周辺海域の対潜活動を展開した。

終戦時、「第十一昭南丸」は国内で無傷で残存しており、翌年から開始された南氷洋捕鯨では日本水産社の改造捕鯨母船「橋立丸」の捕鯨船として、その後は「図南丸」捕鯨船団のキャッチャーボートとして活躍したが、老朽化のために一九六三年に解体された。

特設掃海艇

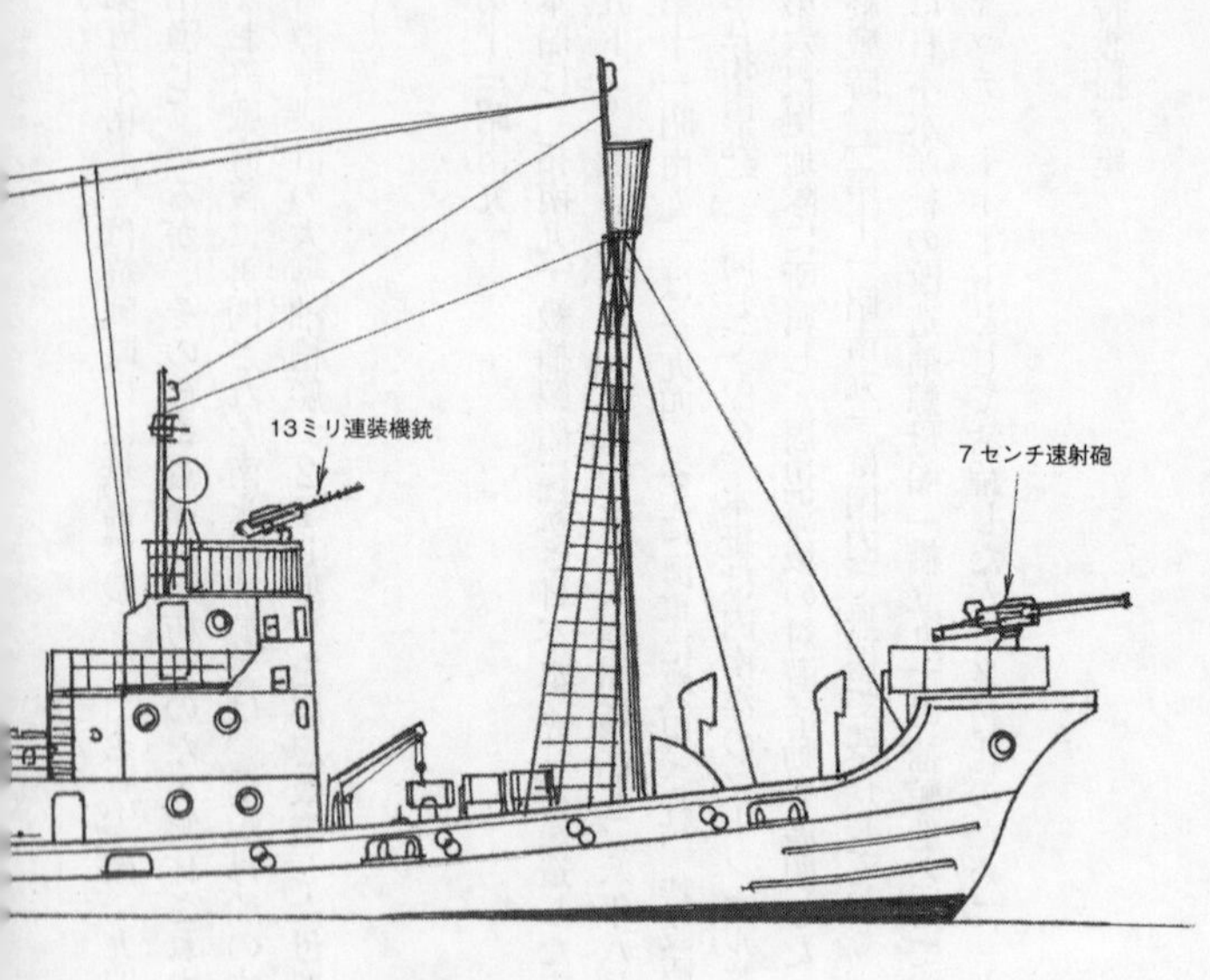
13ミリ連装機銃
7センチ速射砲

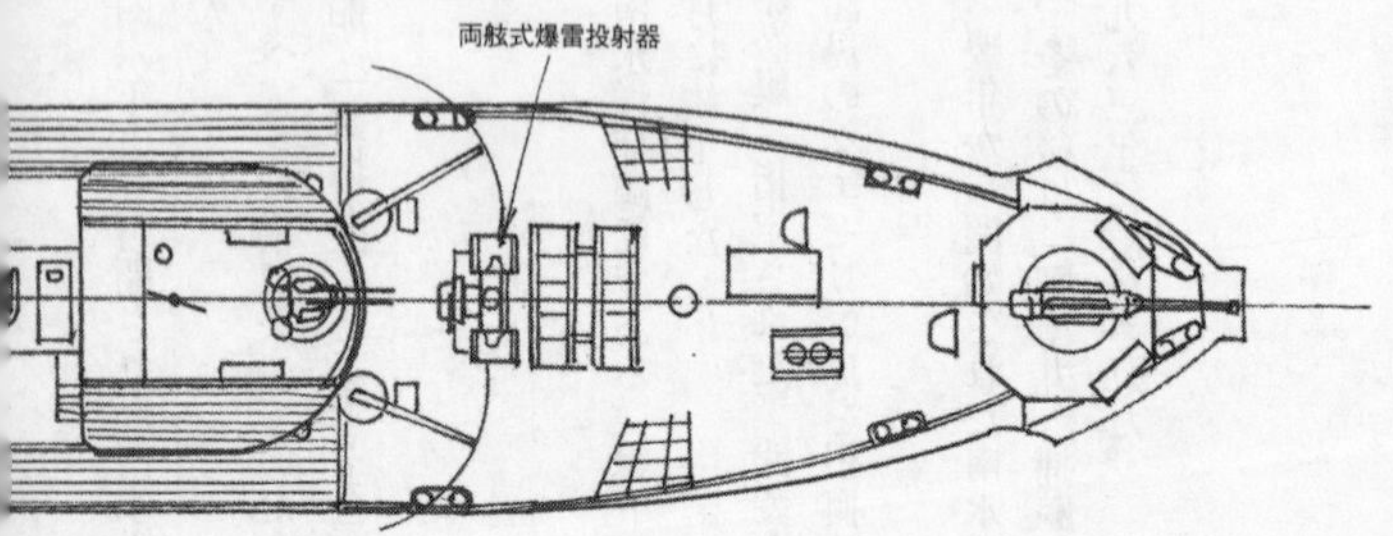
両舷式爆雷投射器

南氷洋捕鯨船第五拓南丸

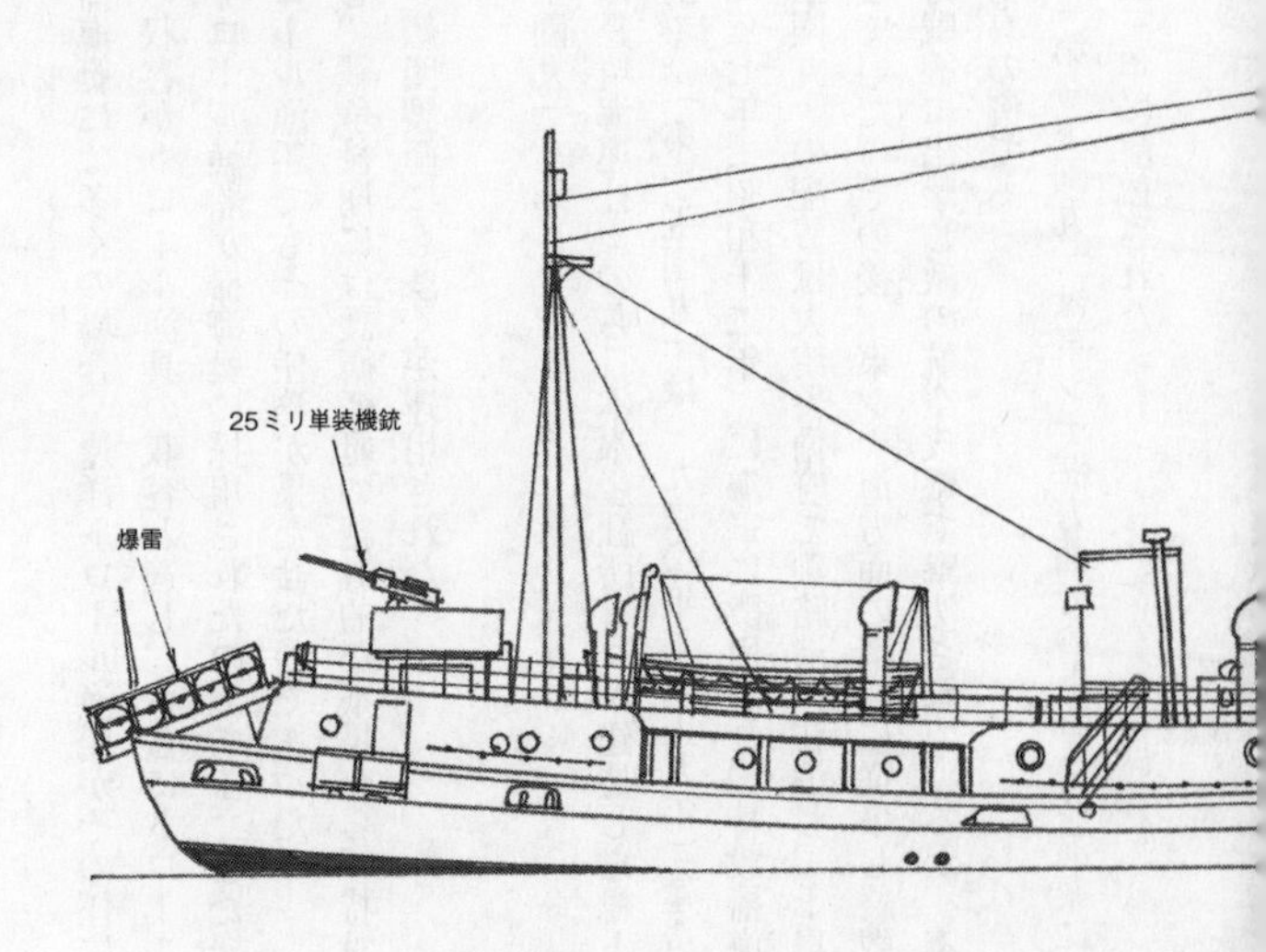

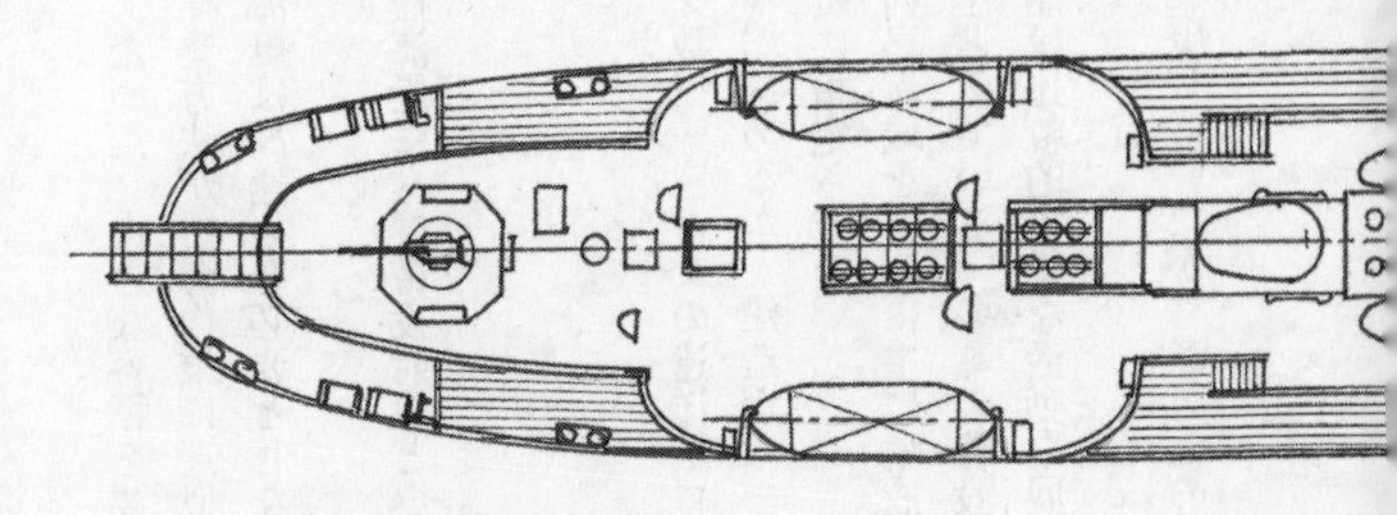

特設掃海艇には多くの場合、遠洋トロール漁船がその任にあたった。大きな容積を要する掃海具の収容がトロール漁具の収容と適し、さらにトロール操業方法が掃海作業に近似するためにトロール漁船が掃海艇に採用されたのである。また掃海艇は高速力を必要としないためにトロール漁船でもその任務が果たせたのであった。

しかし、戦争後期には護衛艦艇の絶対的な不足から、特設掃海艇にも爆雷投射機と爆雷を搭載し、船団護衛にも多くが運用された。

「第一玉園丸」

本船は長崎海運社（のち日本水産社所有）が建造した総トン数三一三トンの遠洋トロール漁船である。「第一玉園丸」は一九二〇年（大正九年）建造の船であるが、建造から一七年後の一九三七年（昭和十二年）に海軍に徴用され、特設掃海艇に指定された。

「第一玉園丸」の配置は大湊警備府で釧路港に在泊し、千島列島海域を中心に主に哨戒活動に専念していた。その後、東シナ海方面の哨戒に従事し終戦を迎えている。多くの特設掃海艇が南方戦線に出撃し敵の航空攻撃で撃沈されているが、本船は比較的平穏な活動を展開していた稀有の例である。

戦後、「第一玉園丸」は東シナ海方面でのトロール漁業に従事していたが、老朽化のために一九五三年に解体された。

「羽衣丸」

本船は一九二〇年に日魯漁業社が建造した総トン数二三三トンの遠洋トロール漁船である。特設掃海艇の武装はまちまちであるが、標準的には八センチ単装砲一門、一三ミリおよび二五ミリ単装機銃三乃至四梃で、掃海具のほかに戦争後半には両舷式爆雷投射機と爆雷を搭載していた。

「羽衣丸」は一九四〇年十二月に海軍に徴用され特設掃海艇となったが、配置は内南洋を守備範囲とする第三根拠地隊で、行動範囲はソロモン諸島にまでおよび、敵潜水艦が敷設した機雷の掃海に行動していた。一九四四年一月以降は本艇は横須賀を基地にして、本州東方周辺海域の掃海と沿岸航行船舶の護衛を行なっていた。

「羽衣丸」は終戦時に無傷で残存した数少ない特設掃海艇で、戦後は日魯漁業社に返還されてトロール漁を展開していたが、一九五二年頃、老朽化のために解体された。

「田村丸」

本船は日本水産社建造の総トン数二三三トンの遠洋トロール漁船である。一九四一年一月に海軍に徴用され、特設掃海艇に指定された。徴用後の「田村丸」は佐世保を基地として対馬海峡を中心に敵潜水艦による敷設機雷の掃海にあたっていたが、一時ソロモン海域へも派

遠洋トロール漁船羽衣丸

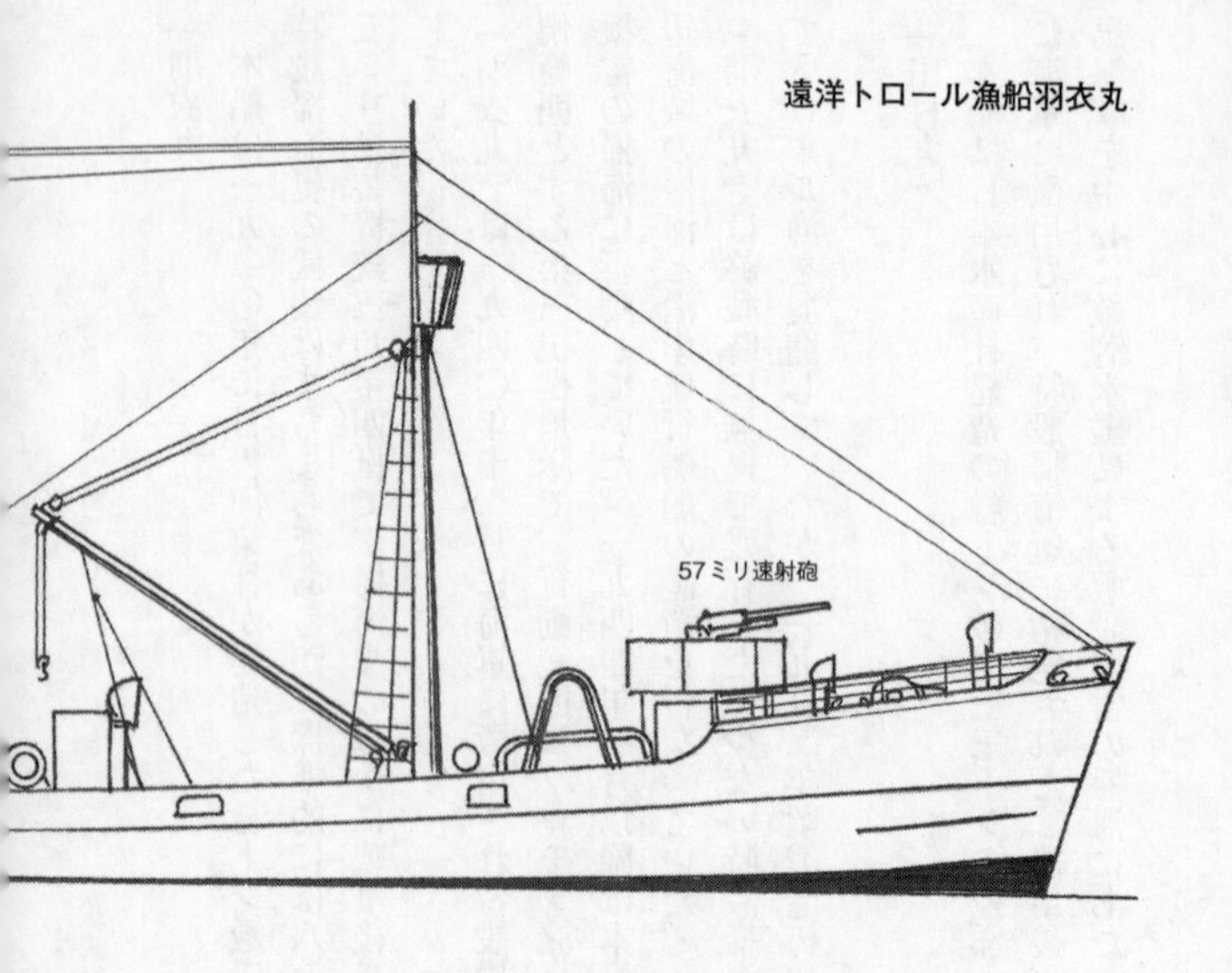

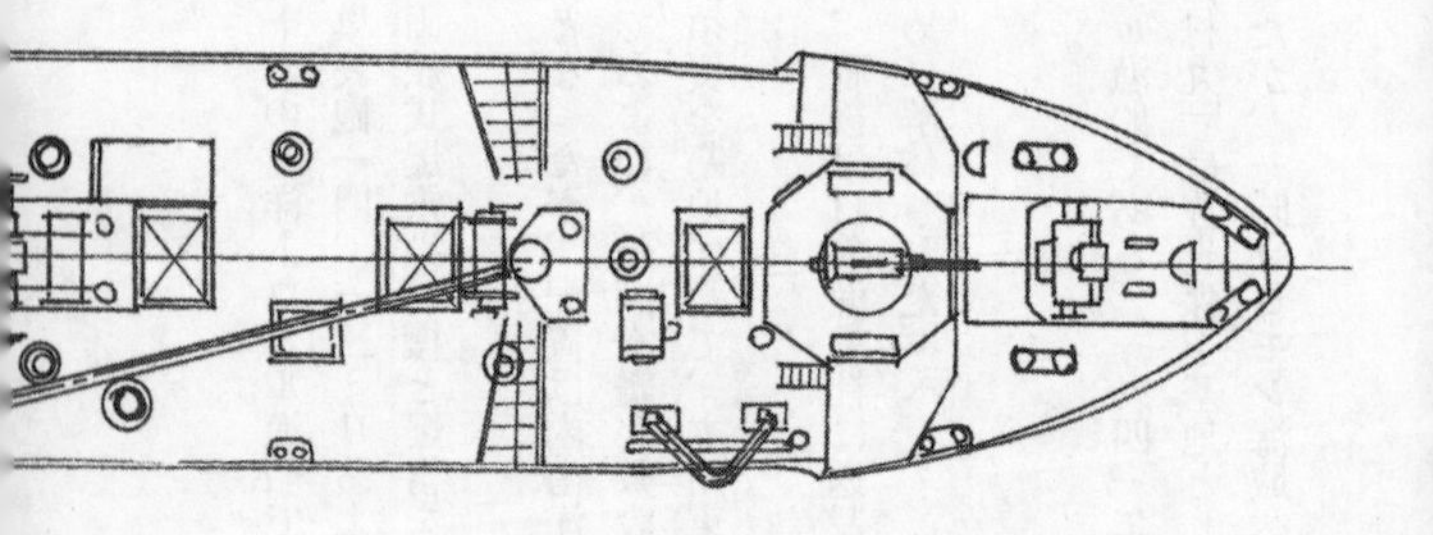

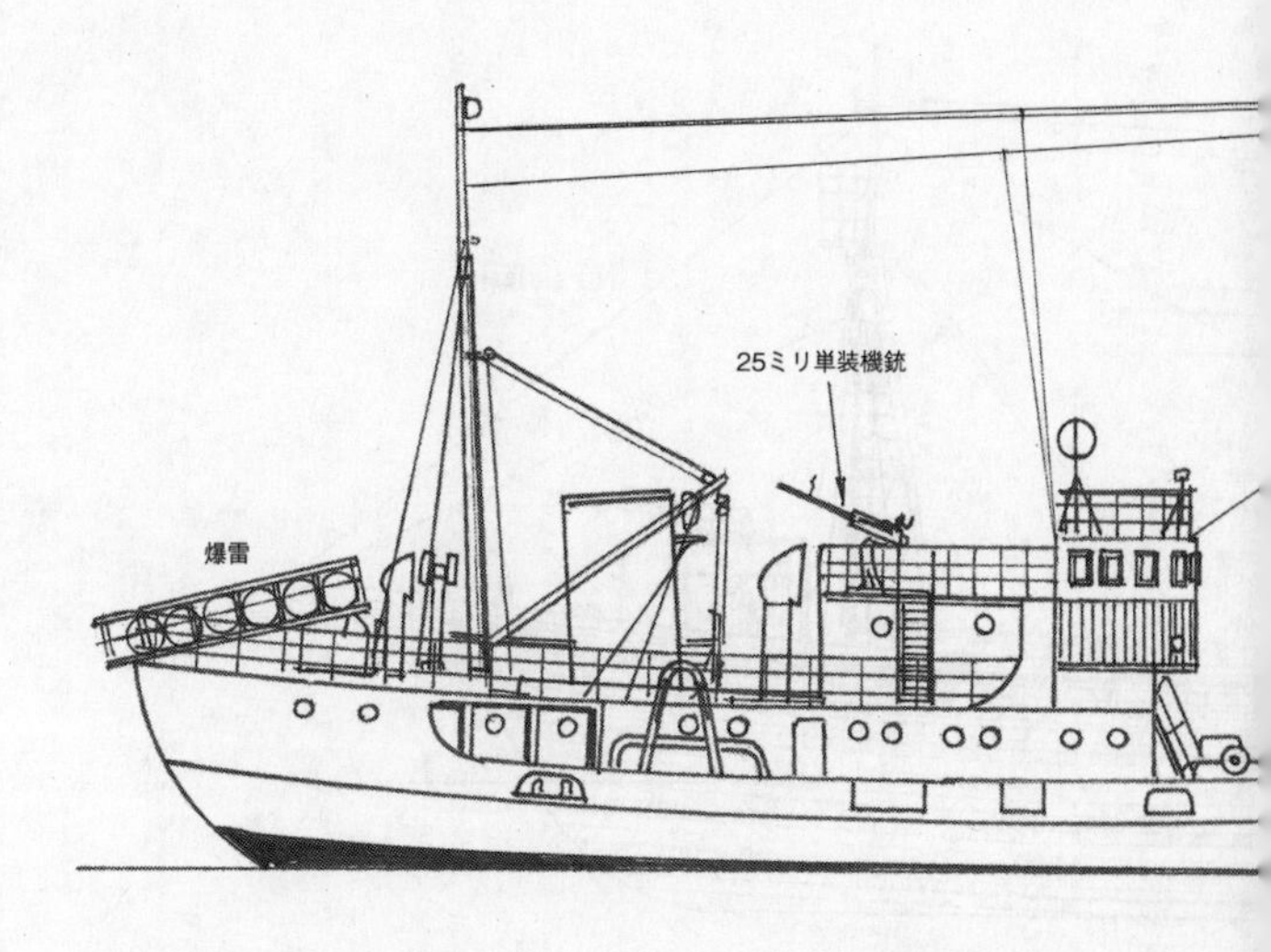
25ミリ単装機銃
爆雷

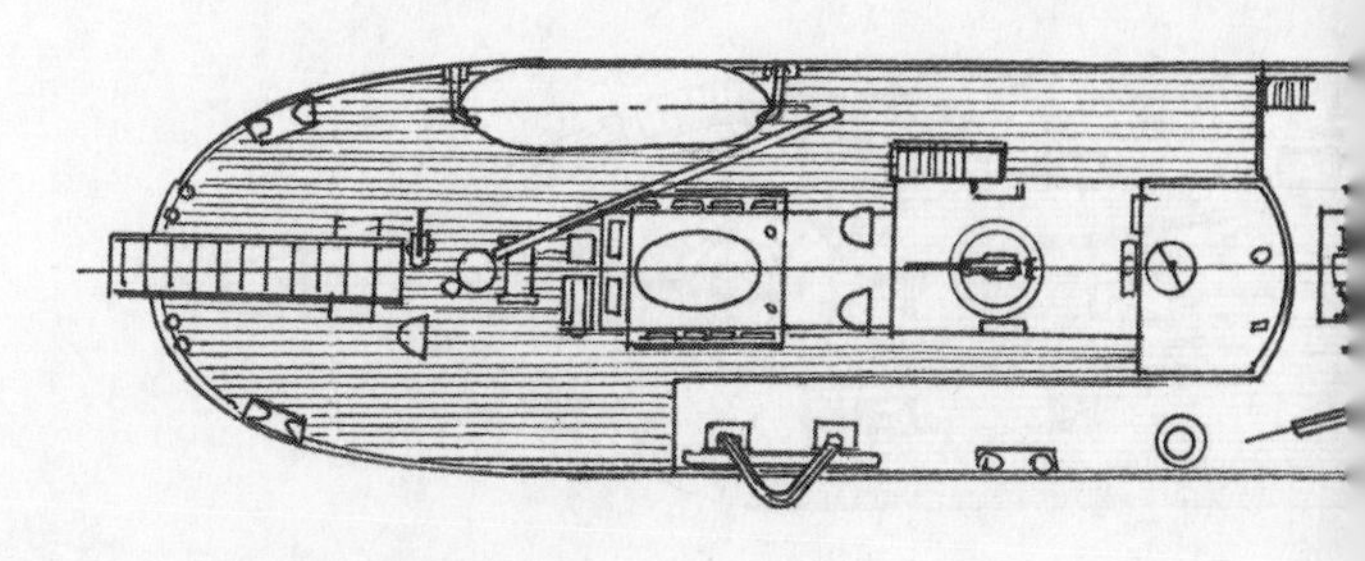

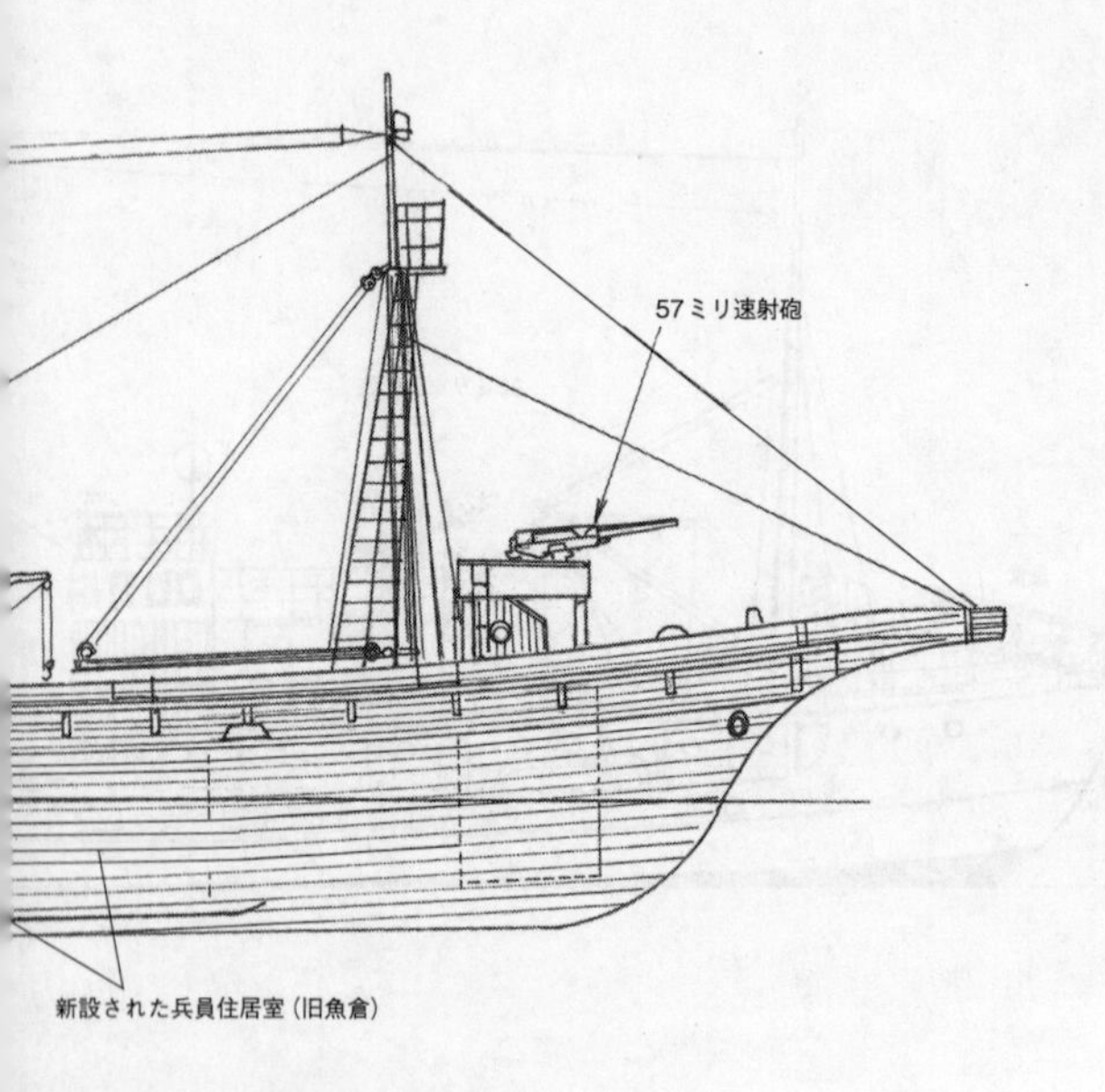
57ミリ速射砲
新設された兵員住居室（旧魚倉）

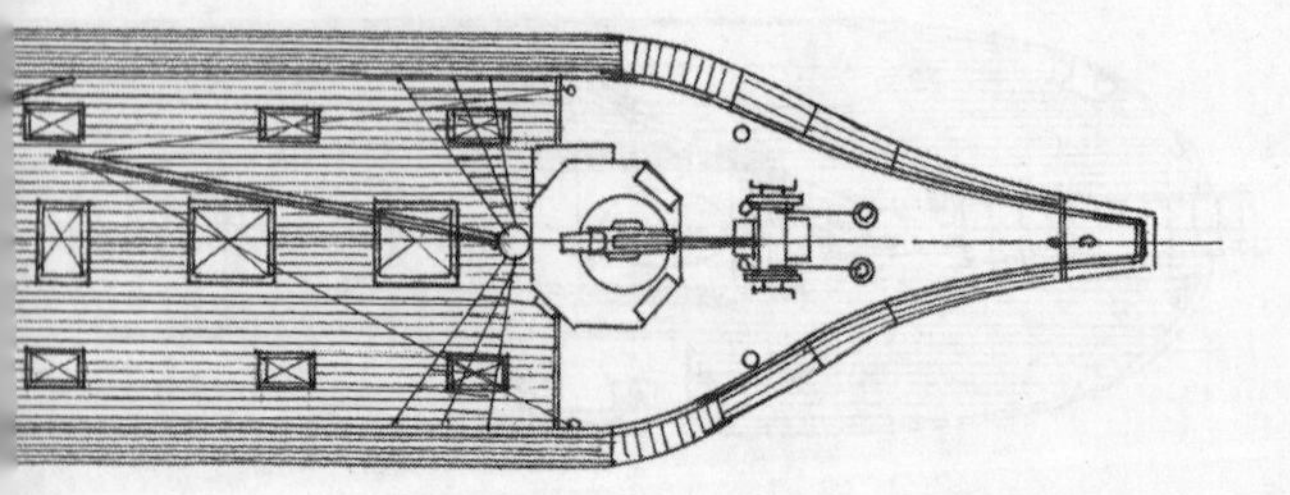

遠洋鰹・鮪漁船(後期の特設監視艇)

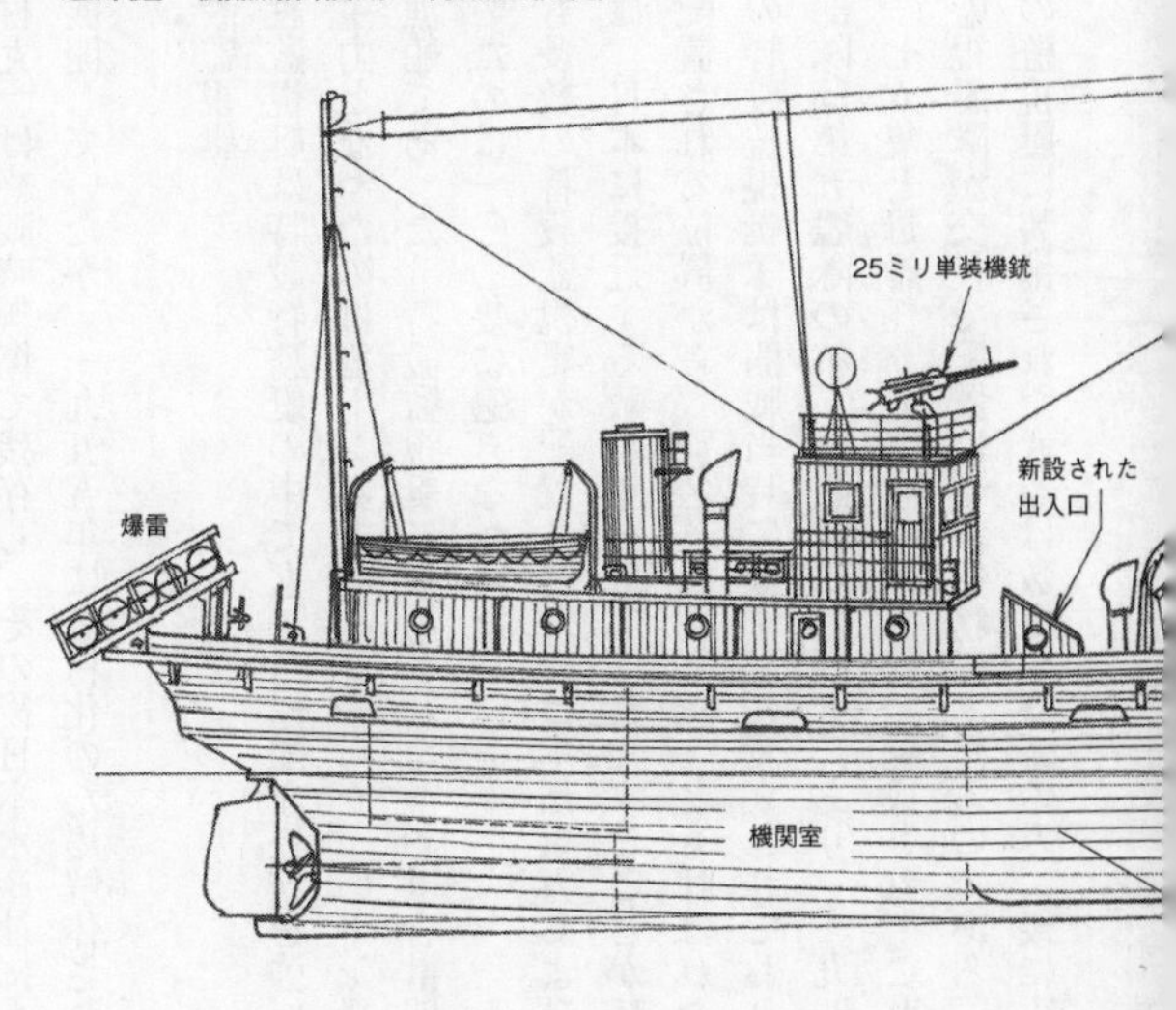

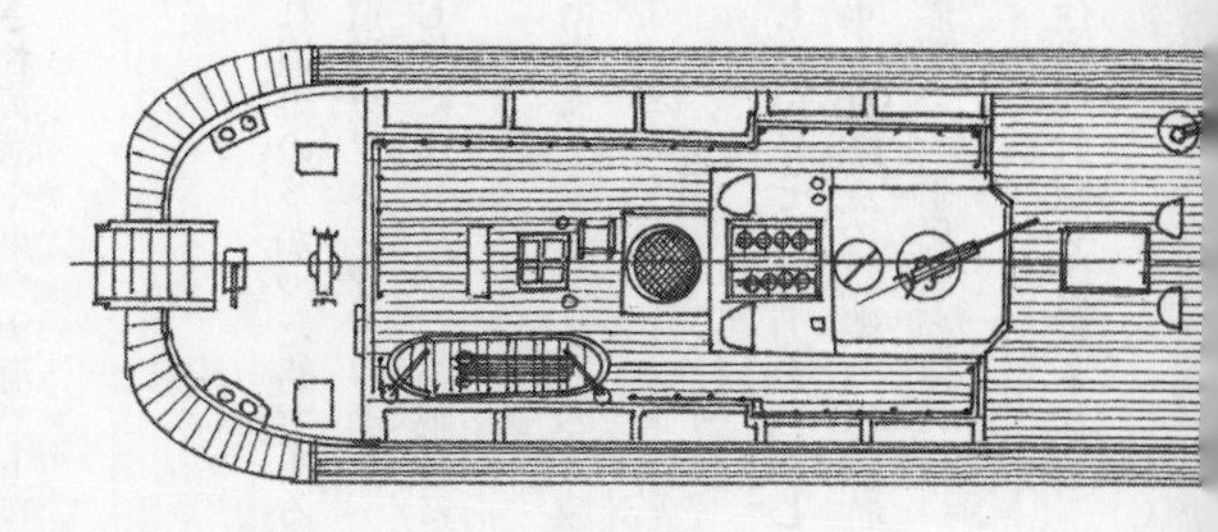

遣されている。また九州から台湾方面への輸送船団の護衛も任務としていた。

「田村丸」は終戦時無傷で残存し、その後日本水産社にもどされ黄海や東シナ海でトロール漁を展開していたが、一九五五年に老朽化のため解体された。

特設監視艇

特設監視艇は特設特務艇の中でも最も過酷な任務を強いられ損害の多かった船であるが、その主力となったのは総トン数九〇トンから一三〇トン級の遠洋カツオ・マグロ漁船、トロール漁船であった。特設監視艇に徴用された漁船は合計四〇七隻に達したが、終戦時に残存していたのは一〇〇隻に過ぎなかった。

最も多数の特設監視艇が配置されたのは本州東方および東南方海上で、これらの海域の監視艇は、日本に接近する敵艦隊を事前に察知することが任務であった。こうした特設監視艇隊は配置される位置から、別名「黒潮部隊」とも呼ばれた。

この特設監視艇隊は開戦当時にはすでに設立されており、しだいにその戦力を強化していた。部隊は第五艦隊の第二十四戦隊の麾下にあり、一九四四年十月時点の総戦力は、特設監視艇一七六隻と母艦任務の特設砲艦六隻で編成され、これら艦艇は六個監視艇隊に分けられ、六個監視艇隊が交代で配置につき任務にあたるのである。

この監視艇に装備された武器は数梃の機銃のみ（後に小口径の速射砲も搭載された）で、

ただひたすらに哨戒海域に侵入してくる敵艦艇、航空機の発見につとめるだけであり、発見した場合にはただちに司令部に状況を打電することが任務なのである。したがって敵艦艇や航空機から攻撃を受けた場合には、そのときが当該監視艇の終焉を覚悟しなければならないのであった。

特設監視艇に徴用された漁船の大半は個人所有の木造カツオ・マグロ漁船が多く、その戦闘記録はほとんどの場合残っておらず、その戦闘の実態を知ることは極めて稀なのである。また終戦時も一〇〇隻ほどの特設監視艇任務の漁船は残存していたが、記録がほとんど存在せず、実態を知ることは現在では困難なのである。

第4章　陸軍徴用船

太平洋戦争に突入する前に、陸軍と海軍および民間商船組織との間で、有事に際し日本が保有するすべての商船について区分が行なわれたのである。つまり陸軍が徴用する商船、海軍が徴用する商船、そして民間が運用する商船の三区分で、陸軍配当船は「A船」、海軍配当船は「B船」、民間配当船は「C船」と区分され、この時点で日本が保有するすべての商船が区分けされ、開戦前からすでに商船名も克明に指定されて、区分別の行動が開始されていたのであった。

（注）商船とは官公庁所有以外の一〇〇総トン以上の鋼製の船を指し、一〇〇総トン以上であっても機帆船などの木造船は商船には含まれない。

陸軍が徴用した商船「A船」はほとんどすべてが輸送船として運用するものであり、その対象は客船、貨客船、貨物船に限られていた。また民間配当船は客船、貨客船、貨物船、油槽船であったが、ほぼすべての中型以上の客船や貨客船は陸海軍の徴用対象となり、民間配当船の主体は貨物船と旧式化した油槽船が主体となっていた。

陸軍は客船と貨客船は兵員輸送船として運用し、その絶対量の不足から貨物船も船倉を兵員居住区域として使う兵員輸送船として盛んに用いられた。

太平洋戦争中に失われた日本商船の大半を占めたのが陸軍徴用船と民間配当船であった。これらの船の損失は一九四三年（昭和十八年）後半から急増し、翌一九四四年六月以降十二月までの間にピークを迎えたのである。その原因の一つが一九四四年六月以降に激増したフィリピン攻防戦への兵力の輸送にともなう損害（敵潜水艦による集中的な攻撃）、そして南方から日本へ向けての石油や鉱物資源輸送のための各種輸送船に対する攻撃（敵潜水艦）による損害である。

この時期の民間配当船は、なかば陸軍徴用船として使われていた。民間配当船は本来は民間需要物資の輸送に運用されるものであるが、それらの物資は戦時戦略物資と同等の扱いとなり、その大半は南方からの輸送となっていた。したがって南方に資源を積みに行く船は、往路は南方戦線向けの武器弾薬および糧秣などの輸送に使われ、復路は南方の物資を積んで日本へ向かうという構図になっていたのであった。

陸軍配当船（陸軍徴用船）や民間配当船には、戦時急造の戦時標準設計（とくに簡易設計の第二次戦時標準設計船）が多数含まれていたが、これらの船は極端な簡易設計で建造されていたために多くの強度的不安要素を持っていた。そのために一本の魚雷命中で船体が切断されるという事例は稀ではなかったのである。

商船は酷使と敵の猛攻に直面し、終戦時残存した陸軍徴用船および民間運用船の大半を占めたのは、戦時標準設計の代表ともいえる粗悪な第二次戦時標準設計船であった。これら残存船舶の代表例をつぎに紹介する。

戦前型優秀船

「有馬山丸」

本船は三井商事船舶部（後の三井船舶社）がニューヨーク航路用に一九三七年（昭和十二年）七月に建造した高速貨物船である。ニューヨーク航路は日本の海運界にとっては最も重要な航路であり、各海運会社は最優秀の高速貨物船をこの航路に配船していた。最盛期には各社合計五五隻の高速優秀貨物船が運航していたが、その中で終戦時に残存していた船は「有馬山丸」と海軍特設運送船として徴用された前記の「聖川丸」の二隻のみで、他の五三隻はすべて戦禍で失われたのであった。

「有馬山丸」は総トン数九〇四六トン、最高速力一九・三ノットの高速貨物船で、竣工以来パナマ運河経由のニューヨーク航路に就航していた。姉妹船には「浅香山丸」と「熱田山

有馬山丸

丸」があるが、いずれも戦禍で失われている。

本船は太平洋戦争勃発直前に姉妹船とともに陸軍に徴用され、軍隊輸送船として運用されることになった。陸軍の貨物船の軍隊輸送船としての扱い方は、上甲板直下の第二甲板（強度甲板）は将兵の輸送に際しての居住区域として使い、その下の船倉には各種軍需品（兵器、弾薬、糧秣、資材など）を搭載する仕組みとなっていた。

そして甲板上の各ハッチ（倉口）上には上陸用舟艇（大発動機艇。通称、大発）を合計八～一二隻固定搭載するのを常としていた。これら上陸用舟艇は到着現地での将兵や搭載貨物の揚陸に運用されるのであり、また上陸作戦でも同じ機能を果たすことになっていた。

「有馬山丸」は日本と陸軍作戦戦域間の将兵や戦備物資の輸送に広く運用されたが、武運強く幾多の危機を切り抜けていた。そうしたなかで一九四五年三月、本船は陸軍病院船に指定され、主に南方戦線の傷病兵の日本への帰還輸送に使われることになった。これが本船が生き残ることができた要因にもなったといえるのである。

終戦時、「有馬山丸」は無傷で残存していた。そのためにただちに南方各地に残留する陸軍将兵の帰還輸送を開始した。その後、翌一九四六年には最初のタイ米輸入船として、数度にわたりタイに派遣されて大量の米を持ち帰り、極度の食糧難に陥っている日本国民の日々の暮らしを助けているのである。

一九五一年のニューヨーク航路の再開とともに「有馬山丸」は希少な外航高速貨物船として同航路に復帰し、その後新しい高速貨物船が新造されるまで活躍を続けていた。そして一九七〇年に本船は老朽化のために解体された。船齢三三年、「有馬山丸」は日本の海運史にその名を残す功労船である。

「日昌丸」

本船も終戦時に残存した数少ない戦前型の優秀船である。「日昌丸」は日本と蘭印（現、インドネシア）を結ぶ航路用の船で、蘭印との貿易促進を目的に開設された新しい国策海運会社、南洋海運社の持ち船として建造された。姉妹船に「日蘭丸」、そして準姉妹船に「名古屋丸」「浄寶縷丸」（ジョホール丸）があるが、いずれも戦禍で失われた。

「日昌丸」は一九三九年七月に完成した総トン数六五七六トン、最高速力一七・六ノットの貨客船で、旅客定員は一等二六名、三等五六名であった。航空路の発達していなかった当時としては日本と南方、蘭印を結ぶ格好の旅客移動手段として人気を博していたのである。

「日昌丸」は一九四一年九月に陸軍に徴用され、軍隊輸送船として運用されることになった。本船は緒戦の段階で米潜水艦の雷撃で大破し、船体が切断しかねない状態にまで破壊された

日昌丸

が、応急修理とその後の日本での大規模修理の結果、完全に復旧し作戦にもどれるまでになったのである。

本船はその後、ニューギニアやフィリピンへの戦力の輸送に活躍したが、武運にめぐまれ終戦時は国内に無傷で残存していた。そのために終戦直後から、南方各地に残留する陸軍部隊の帰還輸送に投入され、一九四七年まで活躍していた。「日昌丸」の船主である国策会社の南洋海運社は戦後解体された。会社機能は東京船舶社に移行されるとともに本船も東京船舶社の持ち船となり、その後タイ、ビルマ米の輸入輸送や北米からの木材輸送に運用されていた。

一九五六年に日本機械輸出組合の要請により、「日昌丸」の船倉を改装し、東南アジアとインドを巡る日本工業製品の巡航見本市船に仕立てることにしたのである。このとき本船のすべての船倉は各種工作機械、各種自動車、精密機械、光学製品、農業機械類、繊維製品、陶磁器等々の展示場に改装され、見学者用の階段なども新設されて見事な見本市船に変身したのであった。

橘丸

本船は以後四ヵ月の間、インド、パキスタン、シンガポール、インドネシア、オーストラリア、フィリピンなどの各港に停泊して多数の見学者を受け入れ、その後の日本製品の東南アジア方面への輸出促進の大きな起爆剤となったのであった。

「日昌丸」はその後ローカル貿易輸送に運用されたが、一九六五年に老朽化のために解体された。本船は戦後日本の復興に大きな貢献をした船であったのだ。

「橘丸」

本船は東海汽船社が伊豆大島航路の乗客の増加への対策として、一九三五年五月に完成させた沿岸航路用の客船である。本船は総トン数一七八〇トン、ディーゼル機関による二軸推進で最高速力一七・八ノットを出せた。

「橘丸」は極めて特徴のある客船で、船体の外観には当時世界的な流行となっていた流線型が採用され、ブリッジや煙突も含め上部構造物には大胆な曲線デザインが多用されて旅客に人気を博していた。

「橘丸」は東京、大島、伊豆半島下田間の航路に配船されていたが、一九三八年六月に中国戦線での海軍陸戦隊を対象にした病院船として運用するために海軍に徴用された。病院船としての改装を終え中国戦線に送り込まれた直後、「橘丸」は揚子江沿岸で敵攻撃機の奇襲を受け至近弾を浴びた。この攻撃で本船の船底に亀裂が生じ、浸水し着底したのであった。まもなく「橘丸」は浮揚され、日本で改装後、再び大島航路に復帰した。

しかし一九四二年三月に本船は陸軍に徴用されて、日本とシンガポール間の人員輸送に運用されることになったのである。この間の一九四三年十一月には、イギリス軍を逃れて当時シンガポールに在住していたインド独立運動の志士チャンドラ・ボースが本船で来日し、開催された大東亜会議に出席している。

その後「橘丸」は陸軍病院船として運用されることになり、蘭印、ビルマ戦域を中心にした陸軍傷病兵のシンガポールなどの拠点病院への搬送任務にあたっていた。そして終戦とともに本船はアメリカ軍に接収されマニラに拘留された。ほどなく解放されて帰国した「橘丸」は、小笠原諸島や伊豆七島方面からの本国への疎開住民の帰還輸送などに従事、その後改修工事を行なった後の一九五〇年から、従来の大島・下田航路に復帰したのであった。

「橘丸」は二〇年以上にわたり東海汽船社のフラッグシップの座を守り伊豆七島航路で活躍していたが、当航路への新たな優秀客船の投入により一九七三年一月に引退し、解体された。

「橘丸」は姉妹船のない国内航路用の客船であったが、船内配置や旅客等級に斬新なシステ

2A型貨物船

ムが採用され、さらにその美しいスタイルで旅客からも親しまれた客船であった。なお船名の「タチバナ」は、東京湾入り口の観音崎水道にまつわる伝説のオトタチバナヒメ（日本武尊の妃）から採られている。

戦時標準設計船

陸軍は輸送船として多数の戦時標準設計型貨物船を徴用した。しかしその多くが輸送中に敵の攻撃（主に潜水艦の雷撃）で撃沈された。そのために戦後に陸軍徴用船として残存した船のほとんどは粗悪な第二次戦時標準設計船であった。

戦時徴用された戦時標準設計船の大半は2A型（総トン数六〇〇〇トン以上）および2E型（総トン数八七〇トン）の大型、小型の貨物船であった。この2A型も2E型も急速建造を前提として設計された貨物船である。いずれも建造日数を極端に短縮するために工数の減少と製造の簡素化が図られており、船体各部に大幅な簡略化が見られる（例えば縦横鋼材の減数や二重底の全廃など）。このために船体の形状も工数を増やす原因ともなるシーア（舷弧）とキャ

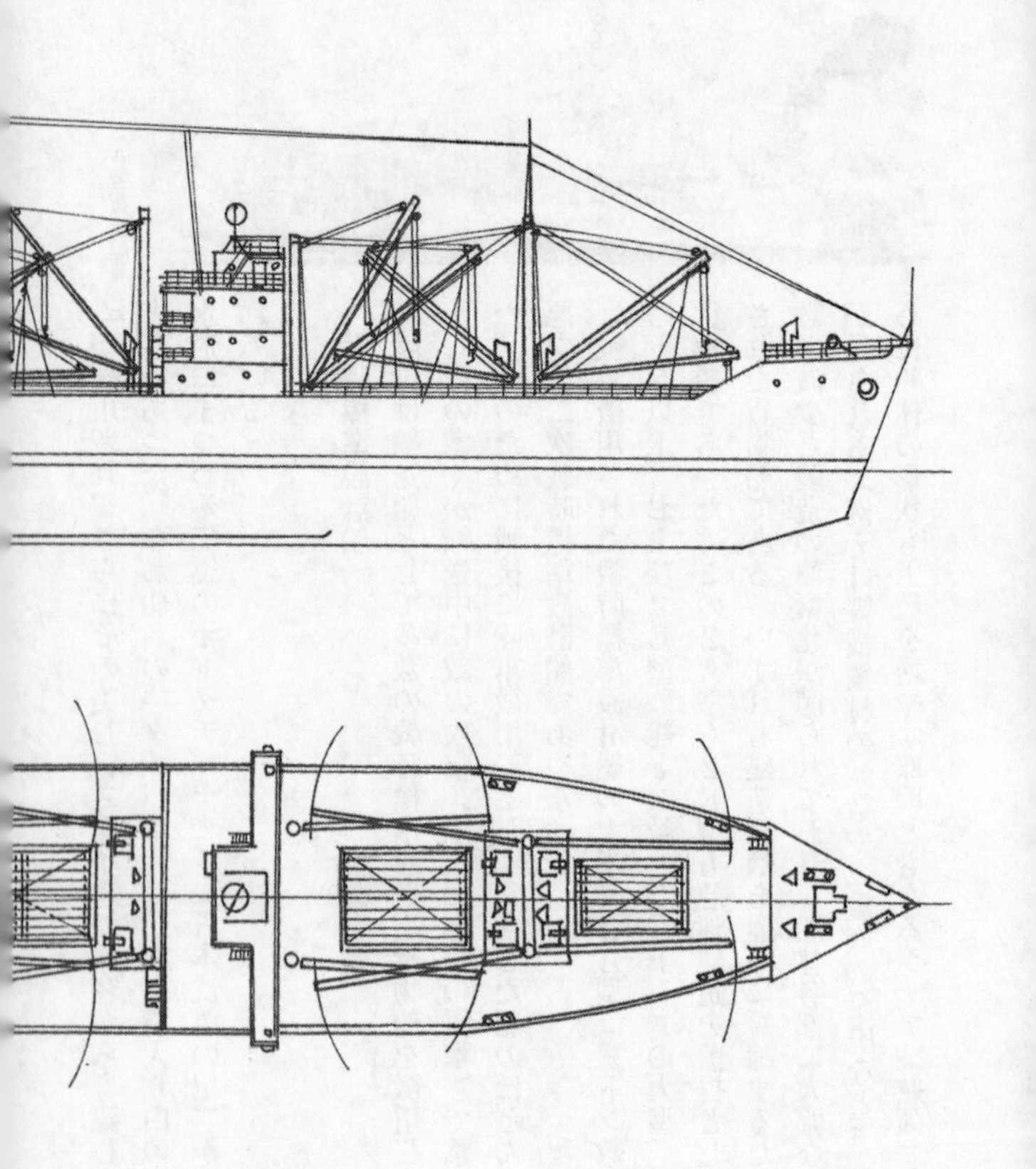

戦時急造第二次型大型貨物船 2A 型

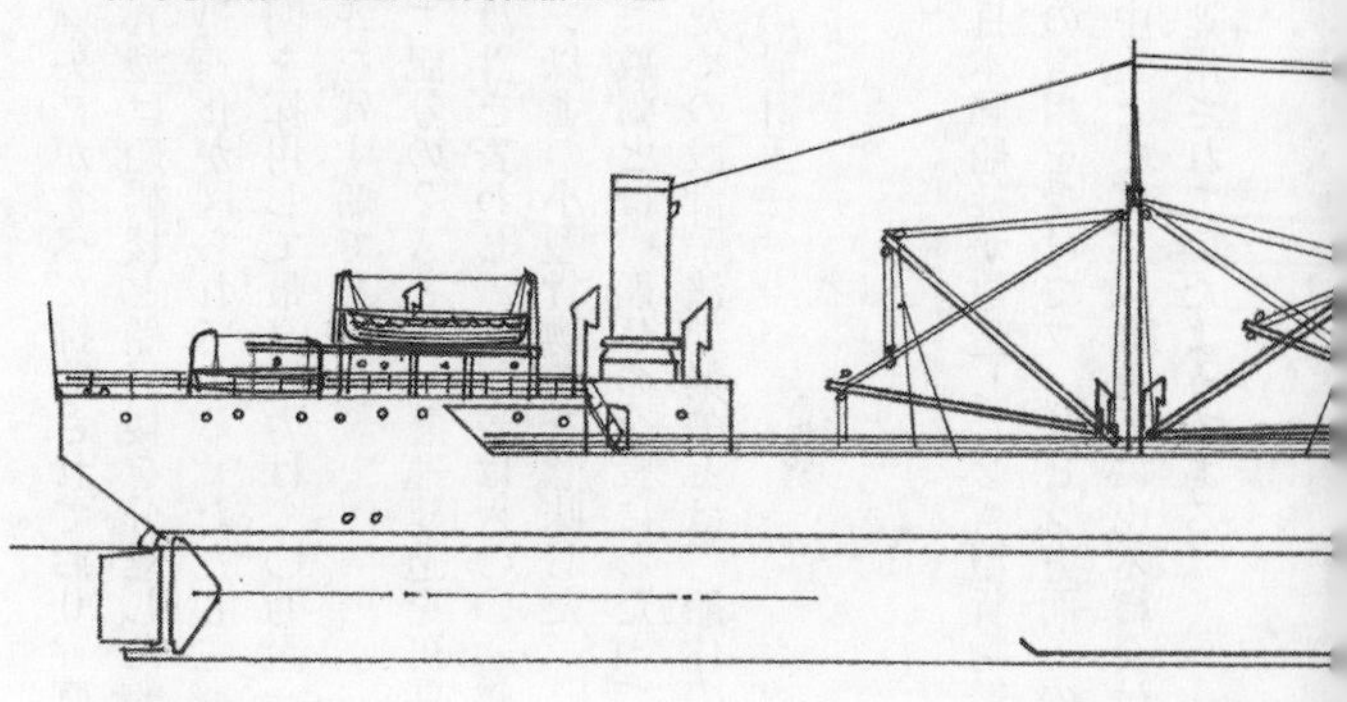

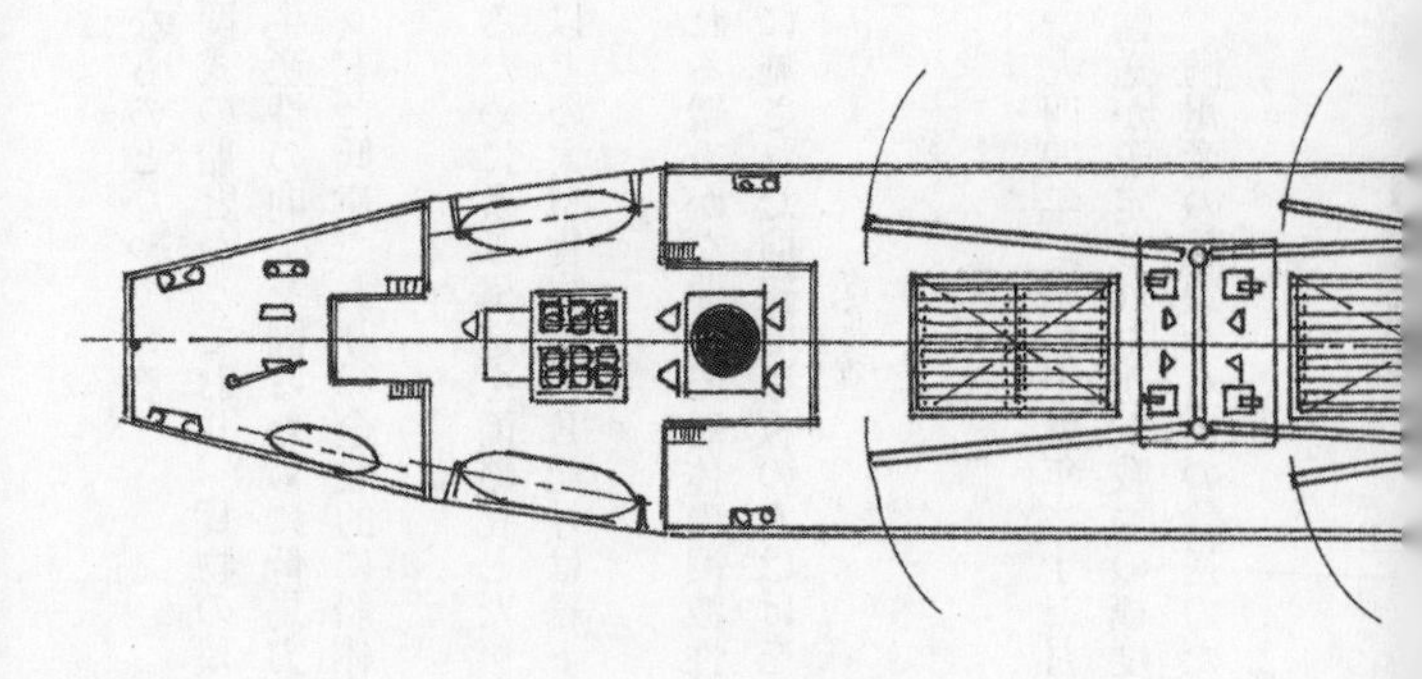

ンバー（梁矢）がすべて排除されており、直線的なものとなっている。

また2A型は船橋楼と船尾楼を分離した船尾機関式の船となっており、貨物の積み降ろしの作業の迅速化が図られている。ただし主機関は生産性の向上を図るために低馬力の蒸気タービン機関を採用して最高速力は一〇乃至一一ノットと低速であり、全般的に船体強度には大きな不安を残す船であった。
（注一）記号の2Aとは、急速建造を可能にするためにより構造を簡略化した第二次戦時標準設計を表わし、A記号は六〇〇〇総トン以上の大型貨物船、E記号は総トン数八七〇トン以上の小型貨物船を意味した。
（注二）舷弧とは、船体の全長にわたって見られる緩やかな曲線で船体の凌波性能を確保するための設計手法。梁矢とは、船体の全幅に施された曲線で甲板の水はけを確保するための設計手法。

「永禄丸」

本船は日本郵船社が建造した2A型貨物船で、一九四四年（昭和十九年）十二月に完成した。陸軍の徴用を受けてフィリピン方面への軍隊輸送が予定されたが、戦局の極度の悪化から輸送は中止となり、以後南方に出る機会はなく、満州産の穀類や石炭の輸送のために日本海方面で運用されていたようである。

（上）永禄丸、（下）大改造後の永禄丸

このために終戦時に本船は無傷であり、ただちに朝鮮やソ連のナホトカ方面からの残留将兵や民間人の引き揚げ輸送に投入された。このときの乗船者は何も設備のない船倉に乗せられ、二乃至三日間の船旅を強いられたのであった。

戦時急造で簡易構造の2A型貨物船は国際的な外洋航海の安全基準に適合しておらず、すべての大型戦時急造船（2A型大型貨物船や2T型大型油槽船など）は必要な改造を施し国際航海資格を取得しなければならなかったのである。

一九四九年に至り、これらの船舶に必要な改造を施せばアメリカ国際船級資格（AB級：American Bureau of Shipping）の取得が可能であること、さらにフランス国際船級資格（BV級：Bureau Veritas）が取得できることが判明し、結果的には日本船主協会は残存する四〇隻の2A型貨物船と一二隻の2TL型油槽船の改造を行なったのである。

これによって2A型貨物船は中央船橋楼型（通称、三島型）に大幅な改造が施され、二重底の設置や構造材の強化などにより全船がAB級またはBV級の資格を取得した。また2TL型油槽船も二重底と隔壁の設置や構造材の強化が行なわれ、同じくBV級の資格取得に成功したのであった。

「永禄丸」は一九五〇年にこうした改造を受けたが、その外観は建造当初とはまったく違ったスタイルの貨物船として生まれ変わり、北米、南米、東南アジア、インド航路に配船されて戦後の貿易輸送に大活躍したのである。本船は途中船主が東邦海運社に変わっているが、外航優秀貨物船の充足とともに一九六三年に解体された。

「大烈丸」

本船も多数建造された2A型戦時標準設計の大型貨物船である。総トン数六八五九トンの本船は一九四四年六月に完成し、陸軍輸送船として運用されることになり、日本から台湾、フィリピン、さらにボルネオ、シンガポールなどに向けての軍需物資の輸送を担当した。

幸運にも「大烈丸」はこの間に敵潜水艦などの攻撃を受けることはなく、翌年には南方方面への航行は実質上不可能となり、陸軍徴用も解除され、日本海諸港と朝鮮北部との間で穀物や石炭などの輸送に運用されて、終戦時には無傷で残存していた。

終戦直後から稼働商船として中国や朝鮮および台湾などからの引揚者輸送に従事した後、「大列丸」は一九四八年にフランス規格のBV級の外洋航路適応船舶基準を取得し、東南アジアやインド方面からの物資輸送や日本からの雑貨類の輸出品輸送に運用されていた。この間に本船は大阪商船社から中央汽船社に売却されている。そして一九六一年四月に老朽化のために解体された。


「備後丸」


本船は日本郵船社が第一次戦時標準設計の1B型（中型）貨物船として建造した貨物船である。第一次戦時標準設計の船は既存の設計の船と同等の程度となっており、第二次戦時標準設計船に比較し各段に優れた性能であった。

しかし「備後丸」は工期が大幅に遅れたために実際の構造は第二次戦時標準設計船に近い簡略化された仕上がりとなっており、完成は一九四四年一月にずれ込んでいた。本船は総トン数四六四三トン、最大出力二三七〇馬力のタービン機関により、最高速力一二・五ノットを発揮した。

竣工と同時に本船は陸軍輸送船に指定され、急を告げていたサイパン島に対する武器弾薬類の輸送を開始したのである。サイパン陥落後はフィリピン防衛のための将兵や装備の輸送に充当され、日本とフィリピン間の輸送に従事したが、幸運にもこの間に敵潜水艦の雷撃を受けることなく、無事に任務を果たしていた。

「備後丸」は一九四五年六月に徴用が解除され、終戦時は国内で残存している。戦後、本船は重油専焼罐に改装され、貨物輸送に従事していたが、一九六一年四月に解体された。

第5章　民間運用船

民間運用船として区分された商船は、民需物資の輸送に運用される商船（貨物船や油槽船）、国内航路や日本と日本支配地域（台湾、樺太、満州、朝鮮、内南洋、中国の一部など）の間の民間旅客を輸送する貨客船や客船であった。

なお鉄道省が管轄する鉄道連絡航路（関釜連絡航路、稚泊航路）に就航していた鉄道連絡船も、ここでは商船として取り上げることにした。

貨物船

「雪川丸」

本船は川崎汽船社が一九四一年（昭和十六年）九月に建造した中型貨物船である。総トン数四五〇二トン、蒸気タービン機関により最高速力一五・五ノットを発揮する本船は、準戦

雪川丸

時標準設計船に相当する第一次戦時標準設計船のB型貨物船に相当する船であった。
「雪川丸」は戦時設計とはいいながら有事の建造に備え、「建造資材の統一を図り、統一された建造船図に従い作業効率を上げ、建造時間の短縮を狙うこと」が、この第一次戦時標準設計船の建造趣旨であり、実質的には優れた船質の船であった。したがって完成した船は既存の同種の船舶と変わるところがなく、このつぎに出現した、工数の大幅減少や材料の極端な削減で建造された第二次戦時標準設計船に比較し、各段に優れた性能の船であった。
本船は完成直後に陸軍に徴用され輸送船として運用される予定であったが、その後、軍隊輸送船として使われることはなく、船主に返還され民間用物資輸送に使われた。
「雪川丸」は占領した東南アジア各地から生ゴム、米、各種鉱石などを日本に送り込む任務を担ったが、その往路は軍需物資のこれら戦域への輸送に使われ、民間船とはいいながら実態は軍事輸送船であった。本船は幾度かの敵潜水艦攻撃にも遭遇したが無事に切り抜け、終戦時にはごく少数の既存型商船の一隻として残存したのであった。

「雪川丸」は稼働船として終戦直後から外地残留の日本軍将兵の帰還輸送に真っ先に使われたが、それが一段落した時点で、数少ない外航適合商船としてビルマやタイなどから米の輸入輸送に使われたのだ。

（注）第二次戦時標準設計船は、極端な構造の簡略化などから外航航路用の商船としての世界的な規格に適合せず、当初は外航貿易輸送に運用することはできなかったのである。

「雪川丸」は川崎汽船社のもう一隻の残存既存型貨物船の「聖川丸」とともに、同社の戦後復興の原動力として酷使されたが、一九七一年に台湾で解体された。

「空知丸」

本船は共立汽船社が一九三〇年に建造した貨物船である。総トン数四一〇七トンの本船は北海道炭鉱の石炭輸送にもっぱら運用されていた。石炭輸送は日本の基幹産業の要でもあり、本船は軍の徴用を受けることなく、太平洋戦争開戦後も北海道石炭の本州方面への輸送に配船されていた。

しかし戦局も過酷になった一九四四年十月、「空知丸」も軍需物資の輸送に投入されることになり、レイテ島攻防戦では武器・弾薬類の輸送にレイテ島に向かったが、奇跡的に生還している。

終戦時、「空知丸」は無傷で残存しており、戦後の産業復興のための基幹任務となる北海道炭の本州方面への輸送任務に復帰した。本船は一九六五年に老朽化のために解体されたが、船齢三五年は酷使された貨物船としては長寿であった。

客船・貨客船

「雲仙丸」

本船は日本郵船社の鹿児島、長崎、大連航路用の中型貨客船として一九四二年十月に完成した。しかし予定の航路に使われることはほとんどなく、人貨輸送量が激増した敦賀・新潟と朝鮮北部の清津・羅津間の貨客輸送に多用された。ときには新潟と樺太の大泊間の航路にも臨時運行していた。このために本船が軍事輸送に使われることはなく、戦争期間中のほとんどを日本海航路に従事しており、終戦直前に触雷による被害は受けたが大事にはいたらず、終戦時には残存していた。

終戦直後から「雲仙丸」は樺太からの邦人の緊急引き揚げ輸送、また朝鮮からの引き揚げ輸送（その多くが満州からの避難民）に用いられ、戦後の日本海方面での引揚船の代表的存在となっていた。

引揚者輸送も一段落した一九五〇年、「雲仙丸」は船内整備が行なわれ、釧路・東京間の貨客輸送に就航した。旅客定員は一等九名、二等四〇名、三等三四七名で、貨物は北海道産の農作物、乳製品、木材、製紙、生活雑貨などであった。

余談であるが、一九五三年頃までの国内中距離航路用の客船では旅客に食事を提供していたが、当時の食料統制から乗船客は航海での食事の回数分だけ米を持参しなければならなかったのである（副食費は運賃込みになっていた）。

ちなみに客室は、一等は二〜三人のベッド室、二等は八〜一二人のベッド室と小部屋の絨毯室、三等は区画された絨毯の大部屋となっていた。なお東京・釧路間は三泊四日の行程となっていた。

その後、同航路が三井船舶に譲渡されることにより、一九五四年に「雲仙丸」は運輸省航海練習所に売却され、主機関をディーゼル機関に換装し練習船「銀河丸」となった。幾多の商船士官を育て一九七二年に本船は老朽化のために解体された。

「白山丸」

本船は日本海汽船社が日本と満州を結ぶ最短ルートである日本海航路（新潟および敦賀と朝鮮北部の羅津および清津間）用の貨客輸送用に建造した中型貨客船である。本船は同じ航路用に建造された「気比丸」級の第三船で、一九四一年八月に完成した。総トン数四三五一トンの本船の最高速力は一六・四ノットを発揮、旅客定員は一等から三等まで合計八〇七名

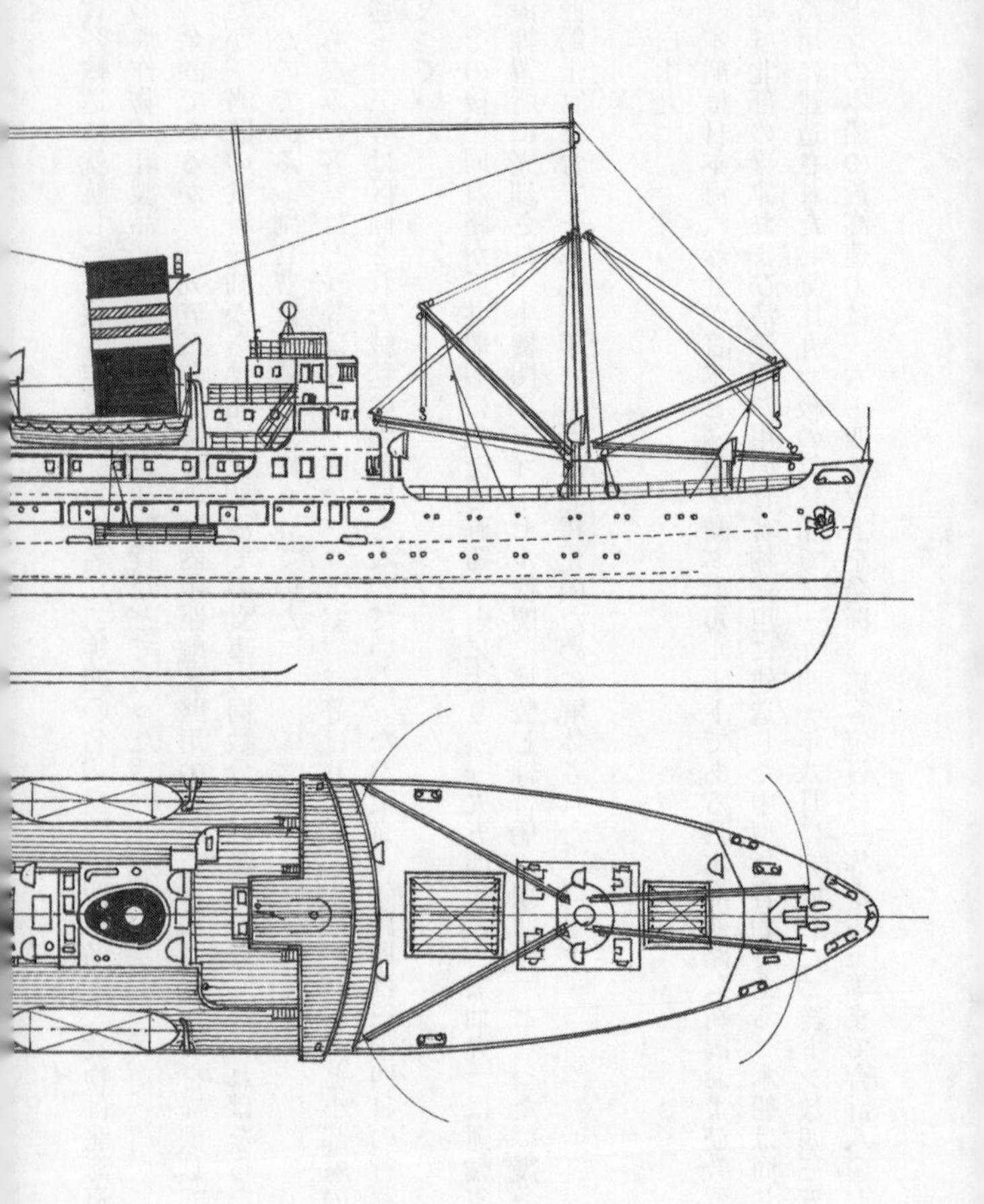

貨客船雲仙丸

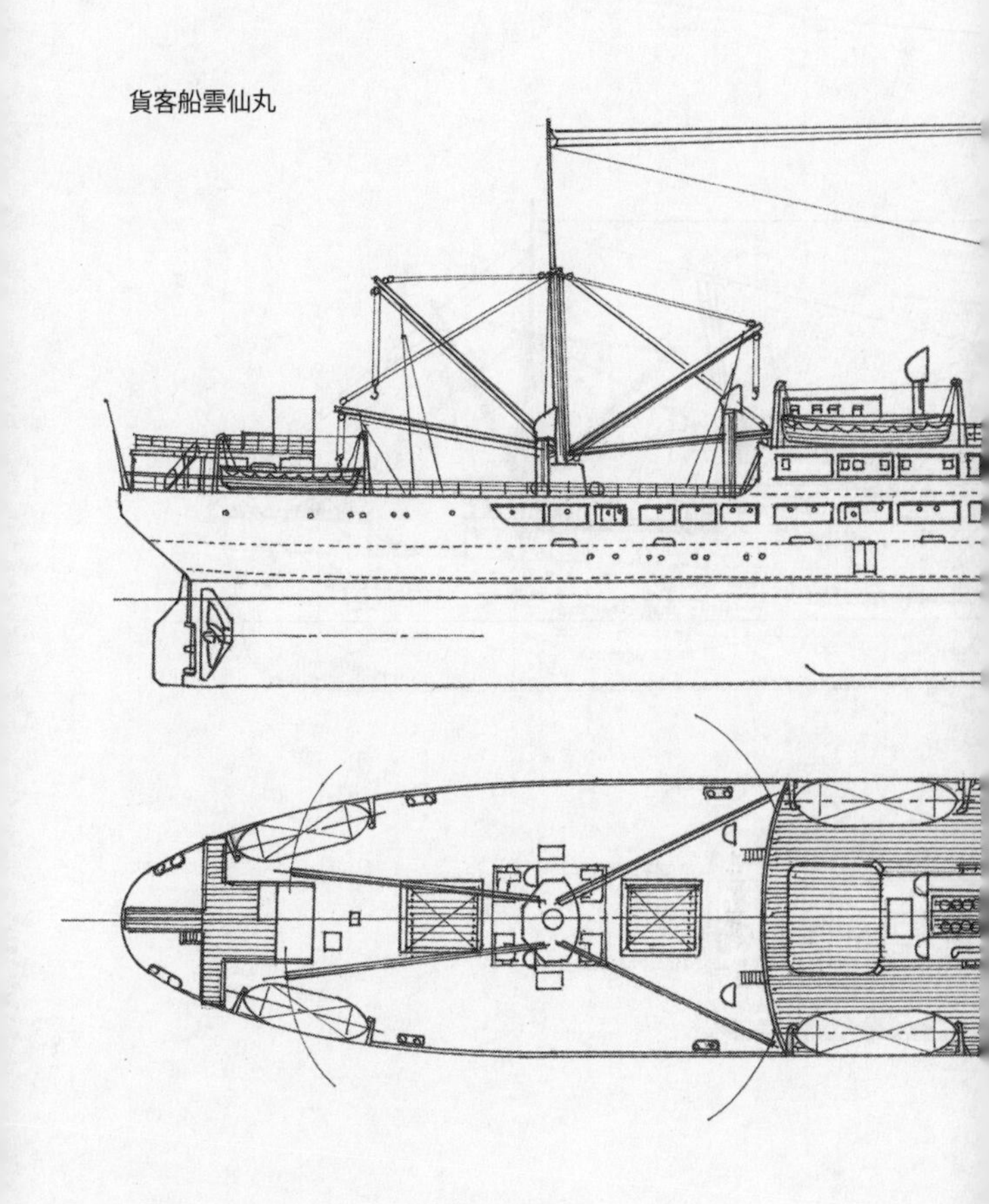

ROOM
NO.2 UPEER CARGO HOLD
NO.1 CARGO HOLD
NO.2 CARGO HOLD

BOAT DECK

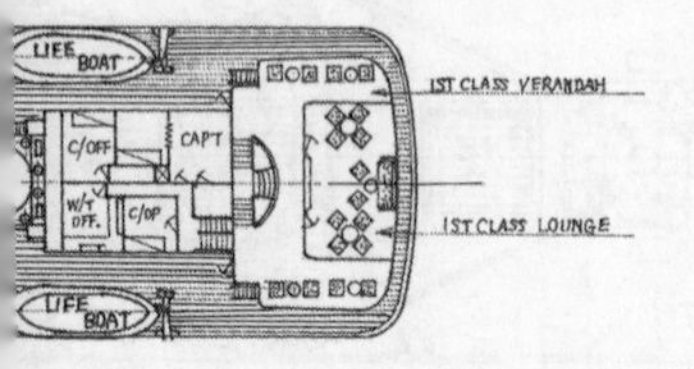
LIFE BOAT
C/OFF
CAPT
W/T OFF.
C/OP
1ST CLASS VERANDAH
1ST CLASS LOUNGE
LIFE BOAT

貨客船白山丸 -1

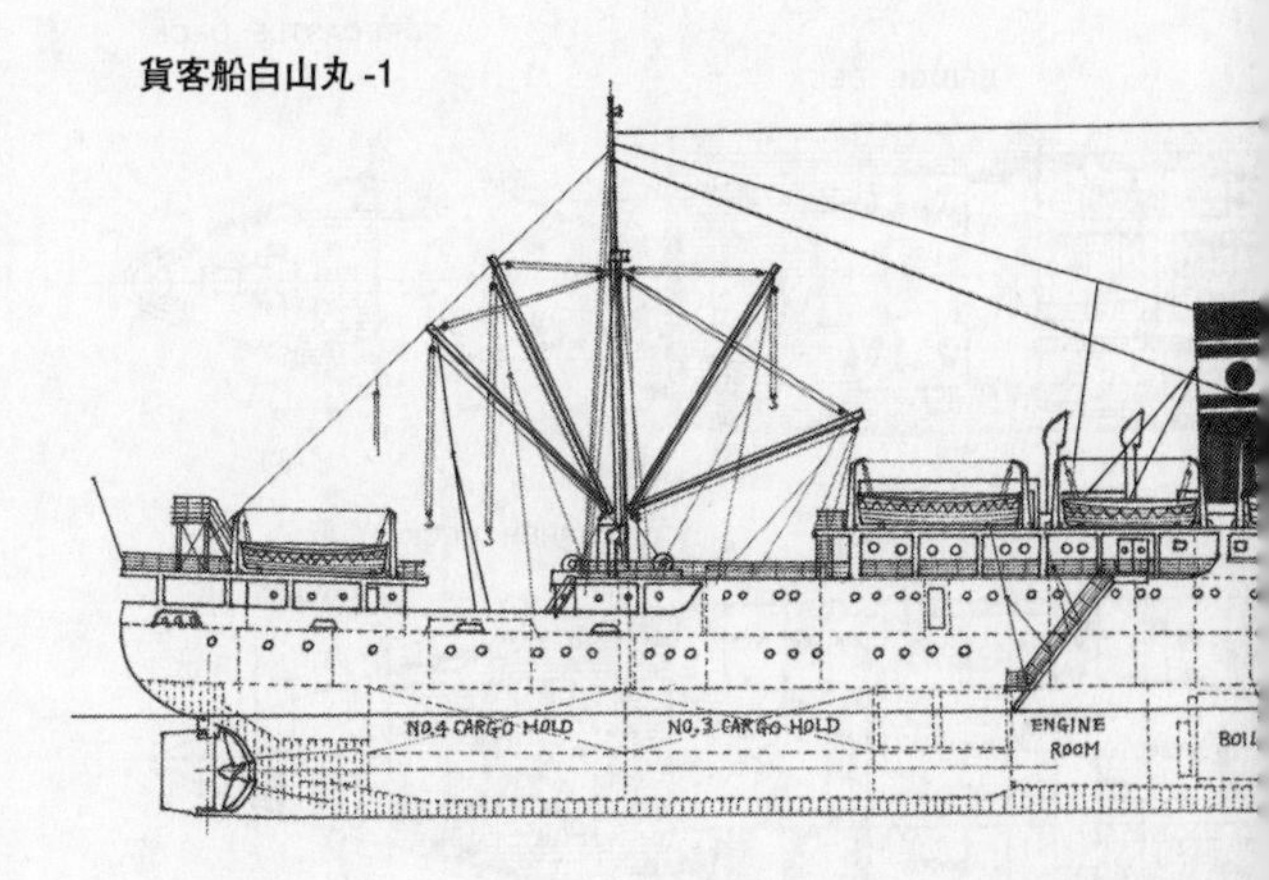
NO.4 CARGO HOLD
NO.3 CARGO HOLD
ENGINE
ROOM
BOIL

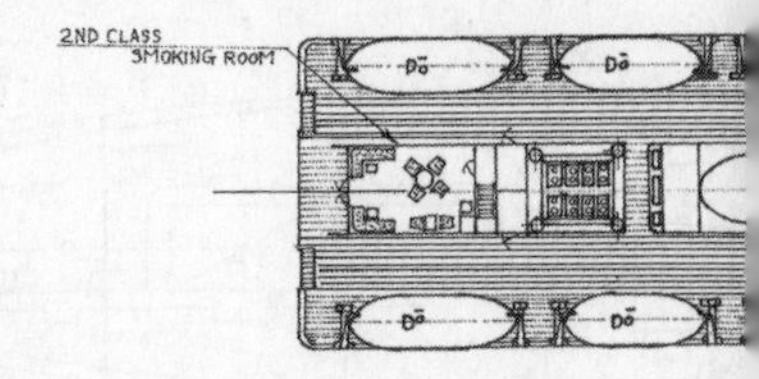
2ND CLASS
SMOKING ROOM
Do
Do
Do
Do

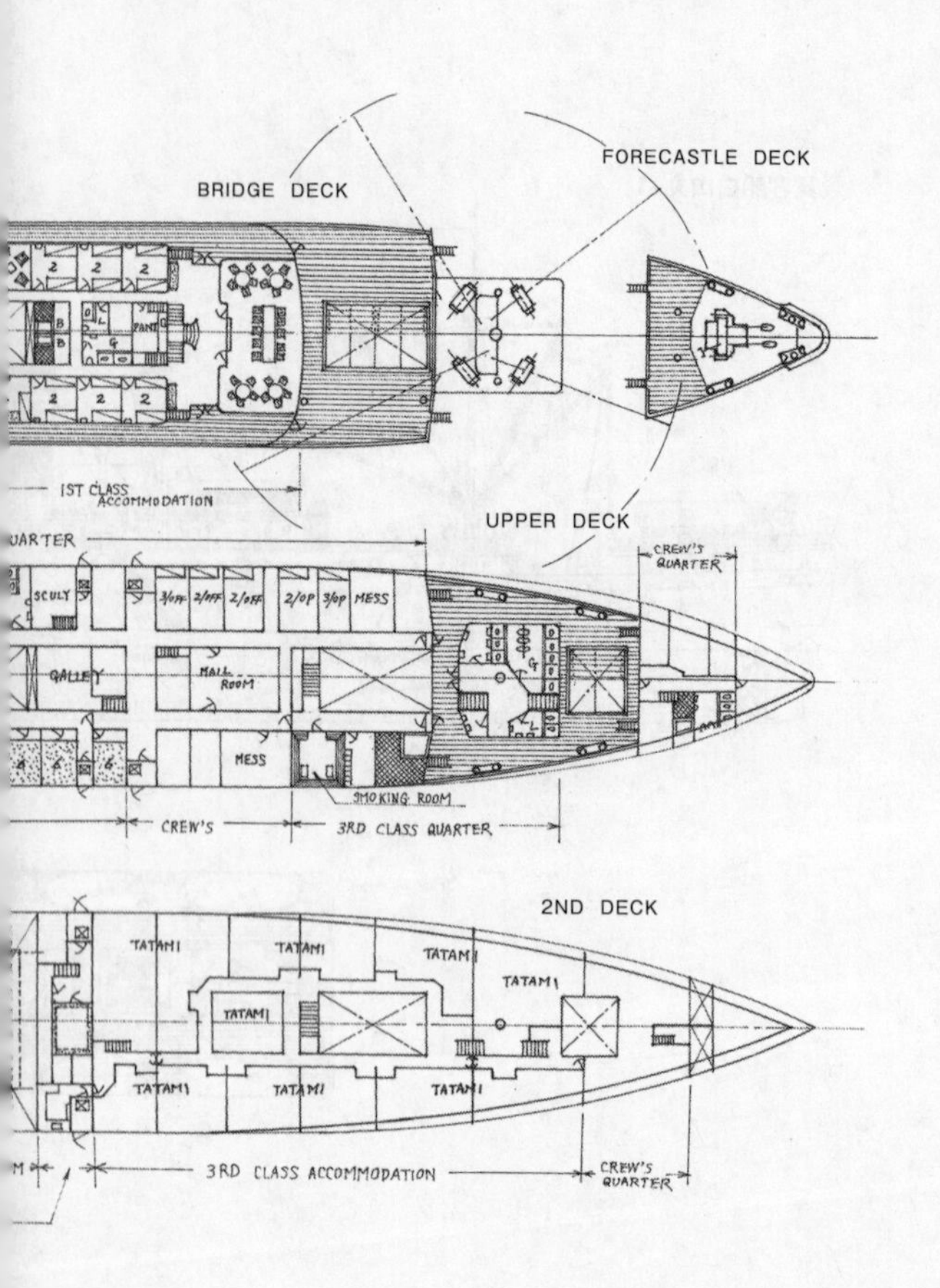
BRIDGE DECK
FORECASTLE DECK
1ST CLASS ACCOMMODATION
UPPER DECK
CREW'S QUARTER
SCULY
3/OFF
2/OFF
2/OFF
2/OP
3/OP
MESS
GALLEY
MAIL ROOM
MESS
SMOKING ROOM
CREW'S
3RD CLASS QUARTER
2ND DECK
TATAMI
TATAMI
TATAMI
TATAMI
TATAMI
TATAMI
TATAMI
TATAMI
3RD CLASS ACCOMMODATION
CREW'S QUARTER

貨客船白山丸 -2

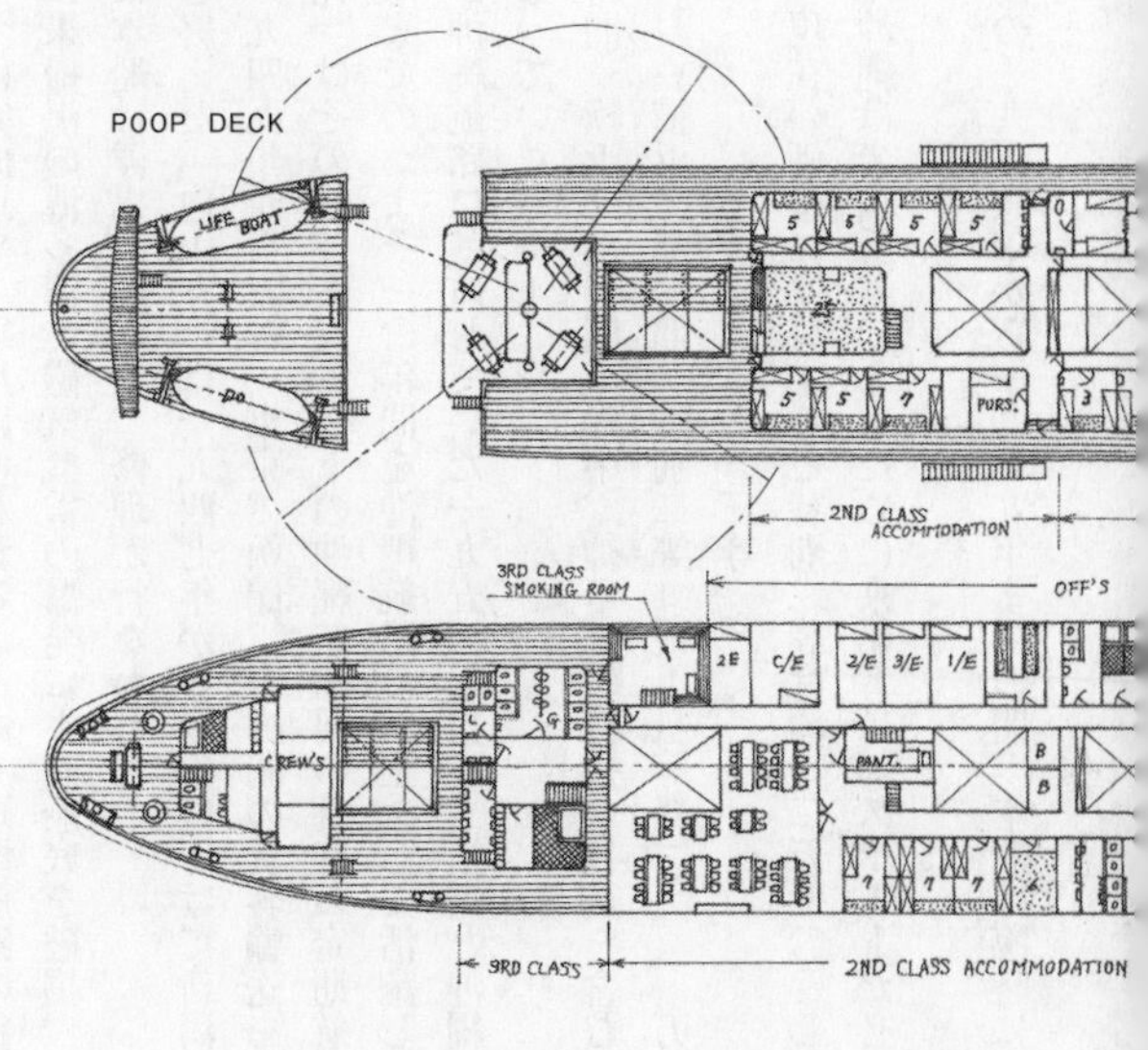

POOP DECK
LIFE BOAT
DO.
5
5
5
5
5
5
7
PURS.
3
2ND CLASS ACCOMMODATION
3RD CLASS SMOKING ROOM
OFF'S
2E
C/E
2/E
3/E
1/E
CREW'S
PANT.
B
B
7
7
7
7
3RD CLASS
2ND CLASS ACCOMMODATION

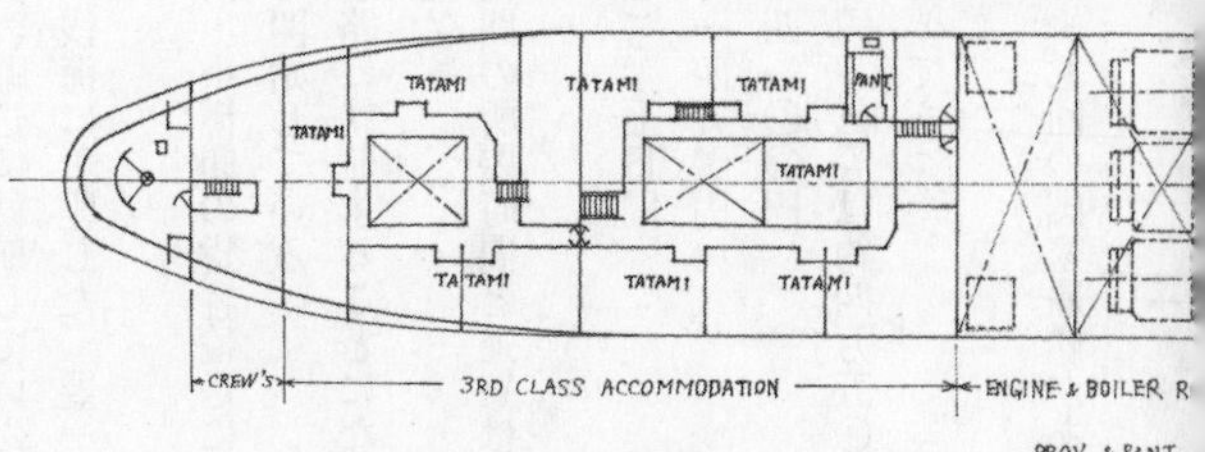

TATAMI
TATAMI
TATAMI
TATAMI
PANT.
TATAMI
TATAMI
TATAMI
TATAMI
CREW'S
3RD CLASS ACCOMMODATION
ENGINE & BOILER R
PROV. & PANT.

であった。

「白山丸」は完成以来、軍用に使われることなく重要航路の貨客輸送に就航していたが、終戦直後に未掃海の博多湾で磁気機雷の爆発により船底を破損、浅海に着座した。翌一九四六年一月に本船は浮揚に成功し、修理が行なわれた。

工事を終えた「白山丸」は一九四七年から翌年にかけて新潟・小樽間の貨客輸送に就航した後、一九四九年から阪神、東京、函館、小樽間の貨客輸送を開始している。

「白山丸」はその後、まだ占領下の沖縄航路用の貨客の定期航路に就航することになり、一九六一年までのおよそ一〇年間を沖縄航路の女王として活躍した。

本船が沖縄航路に就航していた一九五六年当時、横浜と沖縄間の所要時間と運賃はつぎのようになっていた。

所用時間：横浜・那覇間（途中、神戸での荷扱い日数を含む）　七日間

運賃　：横浜・那覇間　特別二等（最上級等級）　一万一四五〇円

　　　　　　　　　　　三等　　　　　　　　　　四一〇〇円

（注）現在の価格に換算すると特別二等は約一二万七〇〇〇円、三等は約四万五〇〇〇円。

また沖縄は米国所轄であるために乗船者はパスポートが必要であった。

この間の一九五三年から一九五九年までの間、本船は臨時に一七回の国家雇船があり、樺

太や中国から長期残留邦人合計七九四〇名の帰国輸送の任務を担っている。

本船は一九五九年にインドネシアの海運会社に傭船され、インドネシア国内のイスラム教徒のメッカ巡礼者輸送に運用され、多島の国内航路で貨客輸送に従事していたが、一九六五年に老朽化のために解体された。

「白山丸」は大戦中の一九四四年十月に極めて特殊な任務を担当している。日本政府はかねてからアメリカ赤十字社から、当時日本や満州国内および東南アジアに収容されているアメリカ軍捕虜に対し、救援物資を送り込む依頼を受けていたのである。相互間の協定が締結すると、早速アメリカ本国から救援物資二〇二五トンがソ連の貨物船に積み込まれ、十月三十日にソ連のナホトカ港に到着したのである。

「白山丸」はナホトカ港でこの物資を積み込み、一部を満州国内に収容されているアメリカ軍捕虜向けに降ろし、残り約一八〇〇トンを神戸港に運んだのである。その後、ここで待機していた大型貨客船「阿波丸」にこれら物資は積み込まれ、東南アジア方面で収容されているアメリカ軍捕虜に届けられることになったのである（「阿波丸」はその帰途、条約に違反する物資を積み込んだことが判明し、米潜水艦により撃沈された。『阿波丸事件』）。


「白竜丸」

本船は樺太航路用の中型貨客船として大阪商船社が建造した船である。戦時中の一九四三

白竜丸

年十二月の完成であるが、本船は戦前からの建造仕掛船として簡略化されない方式の設計・建造の船となっている。

「白竜丸」は本州の日本海側諸港と樺太を結ぶ航路に就航し、「雲仙丸」や「白山丸」と同じく戦時中は陸海軍の徴用を受けていない数少ない貨客船である。

終戦時、「白竜丸」は無傷で残存しており、ただちに樺太や朝鮮方面からの帰国者輸送に使われた。その後、本船は一九四八年から東京・室蘭間の貨客輸送に運用されていたが、一九五一年からは沖縄航路に配船され、「白山丸」とともに同航路の主力として活躍していた。

この間不定期に国家傭船され、中国からの残留日本将兵の帰国輸送に従事している。しかし本船規模の商船の活躍の場がしだいになくなり、しばらく国内の港に係船されていたが一九六二年に解体された。

「興東丸」（他同級の姉妹船八隻）

「興東丸」は本級九隻の同一仕様の客船の第一船である。本級は中国の揚子江沿岸航路専用に建造された浅吃水の中型客船であった。「興東丸」は総トン数三三六四トン、レシプロ機関の二軸推進で、川を遡上する必要があるために機関出力は中型船でありながら最大四〇〇〇馬力を発揮し、平水における最高速力一七・八ノットを発揮した。

本級の旅客定員は一等二八名、二等七二名、中国人対象の三等は二二〇名で、貨物の最大搭載量は一〇〇〇トンであった。

これら九隻はすべて日本の造船所で建造され、黄海を横断して上海に至り、日清汽船社の運営のもとで、揚子江河口の上海と中流の重慶間の貨客輸送に従事した。

終戦時には九隻すべてが無傷で残存していたが、ただちに中華民国政府に接収され、中国籍の船舶として引き続き揚子江航路に就航していた。しかし終戦直後から急速に展開した内戦の結果、九隻すべては中華人民共和国の手に移り運航が続けられていたようである（詳細は不明）。

そしてこの中の一隻、「興亜丸」が内戦の最中に大きな事故を起こしているのである。一九四八年十二月、共産軍から逃れようとした上海の住民を満載した「興亜丸」が揚子江河口で浮遊機雷に接触、爆発により同船は急速に沈没したのである。このとき同船には四〇〇〇人とも五〇〇〇人ともいわれる難民が乗船しており、その多くが溺死したのであった。犠牲者の正確な数は不明であるが、記録上では「犠牲者は三〇〇〇人から四〇〇〇人と推定される」となっている。

これらの姉妹船は一九六五年頃までにはすべて廃船となったようであるが、その詳細は不

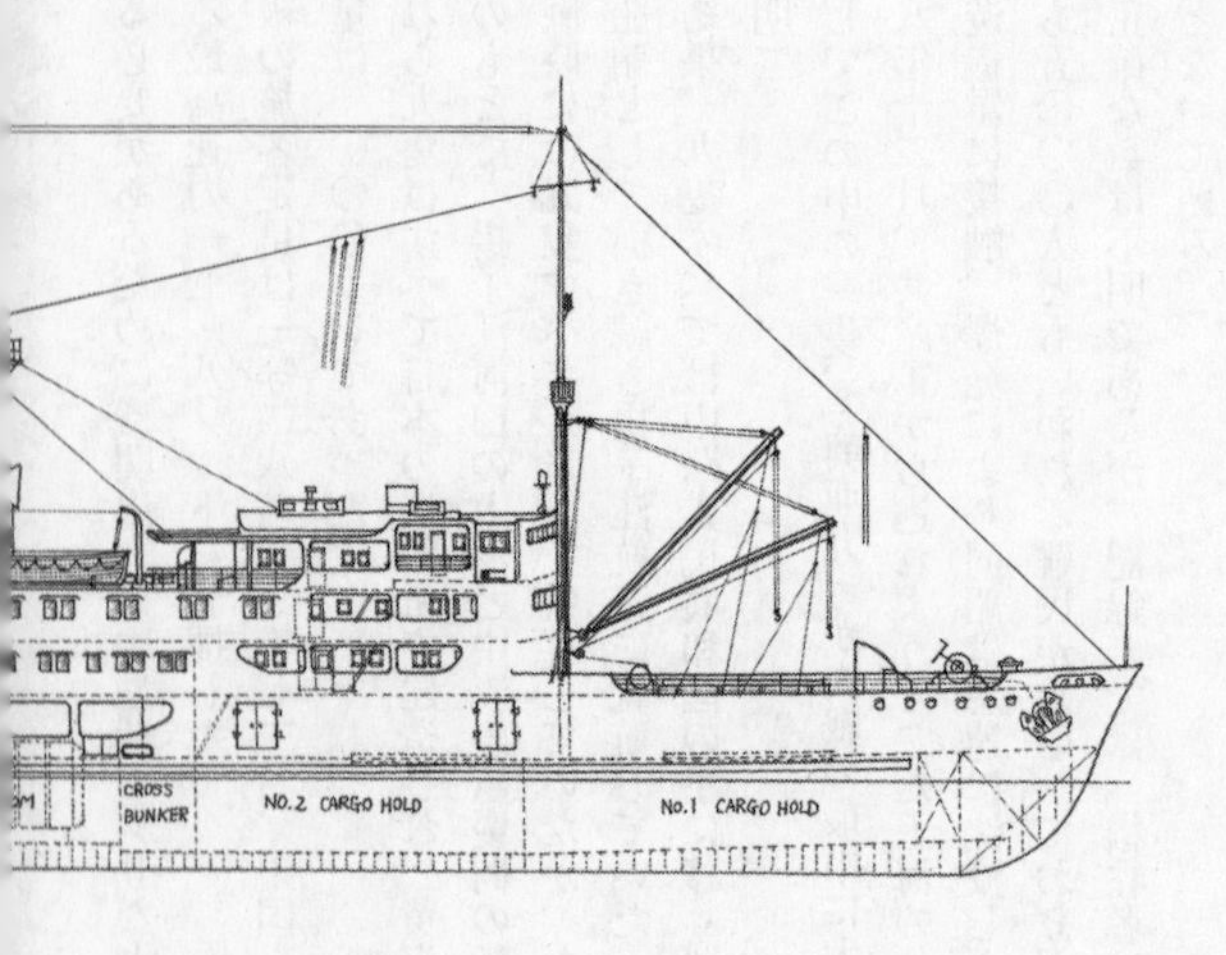
CROSS
BUNKER
NO.2 CARGO HOLD
No.1 CARGO HOLD

BOAT DECK

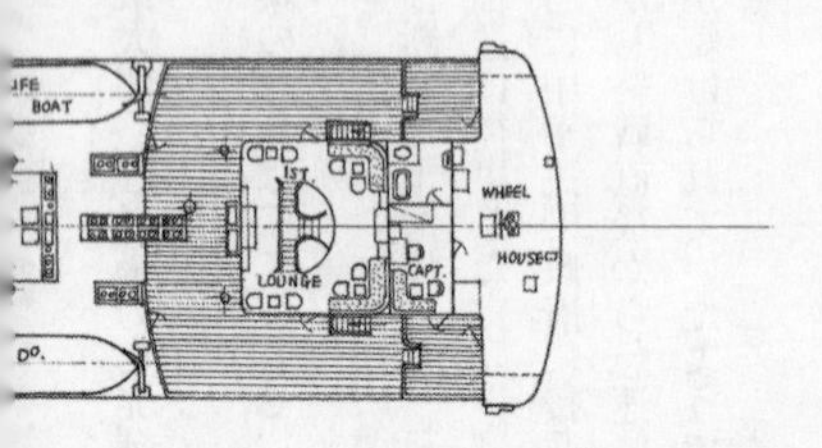
BOAT
1ST.
LOUNGE
CAPT.
WHEEL
HOUSE
Do.

貨客船興東丸 -1

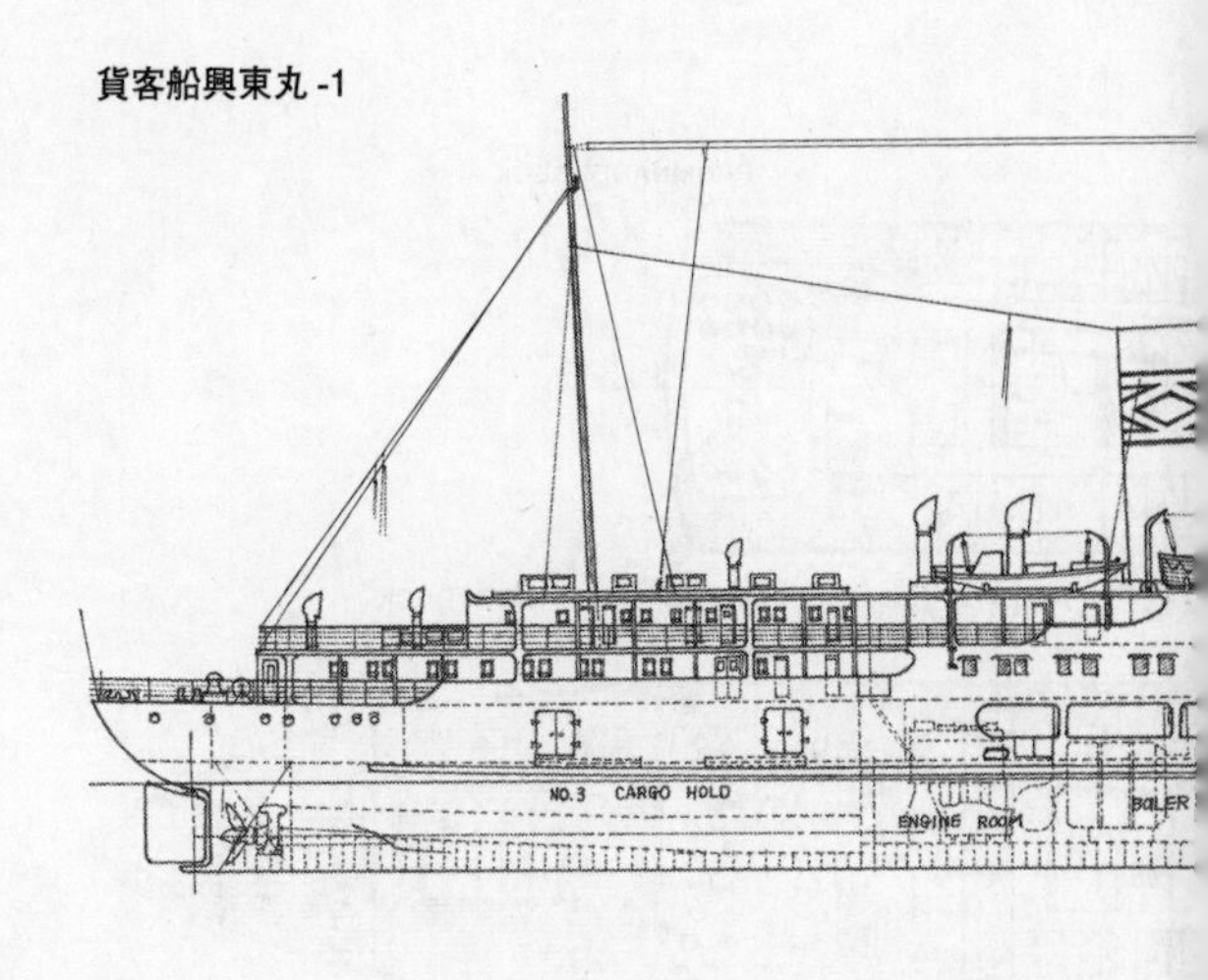

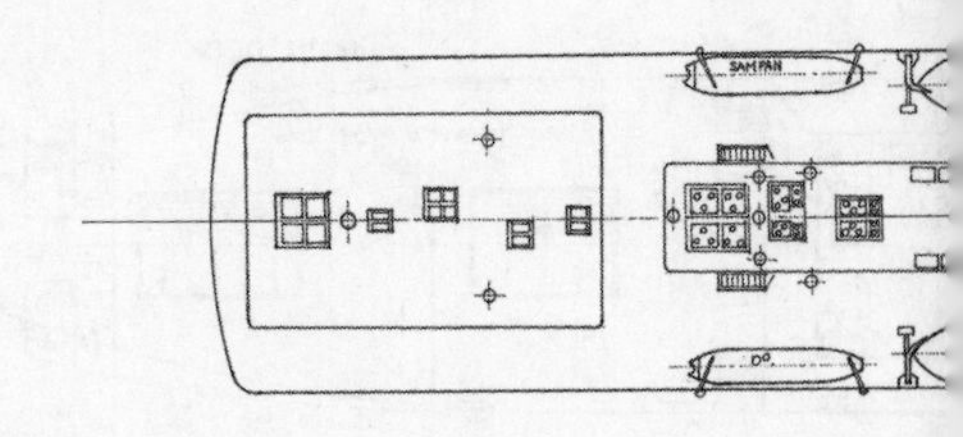

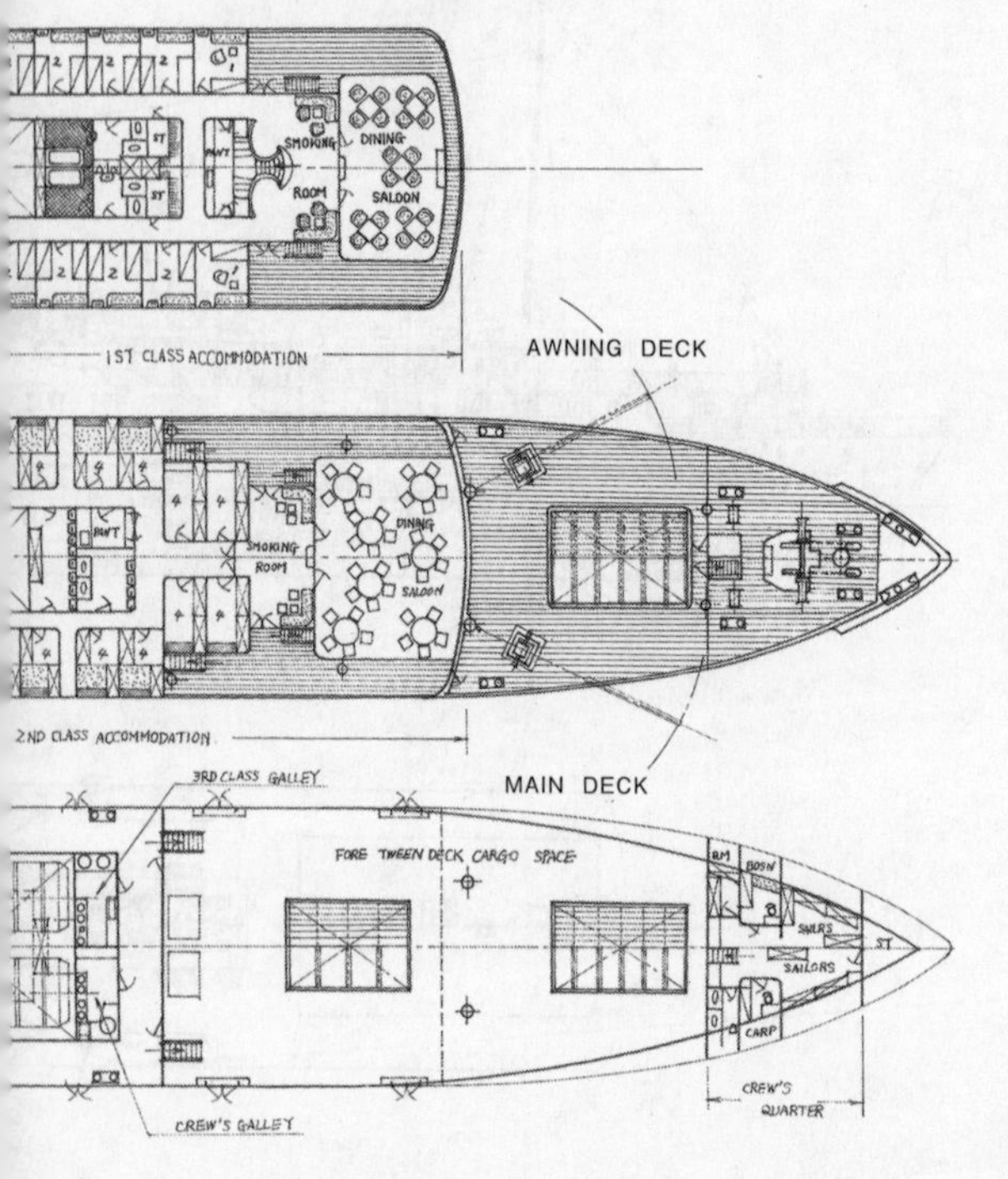

PROMNADE DECK
SMOKING
ROOM
DINING
SALOON
PNT
ST
1ST CLASS ACCOMMODATION
AWNING DECK
SMOKING
ROOM
DINING
SALOON
PNT
2ND CLASS ACCOMMODATION
MAIN DECK
3RD CLASS GALLEY
FORE TWEEN DECK CARGO SPACE
BM
BOSN
SLRS
SAILORS
ST
CARP
CREW'S
QUARTER
CREW'S GALLEY

貨客船興東丸 - 2

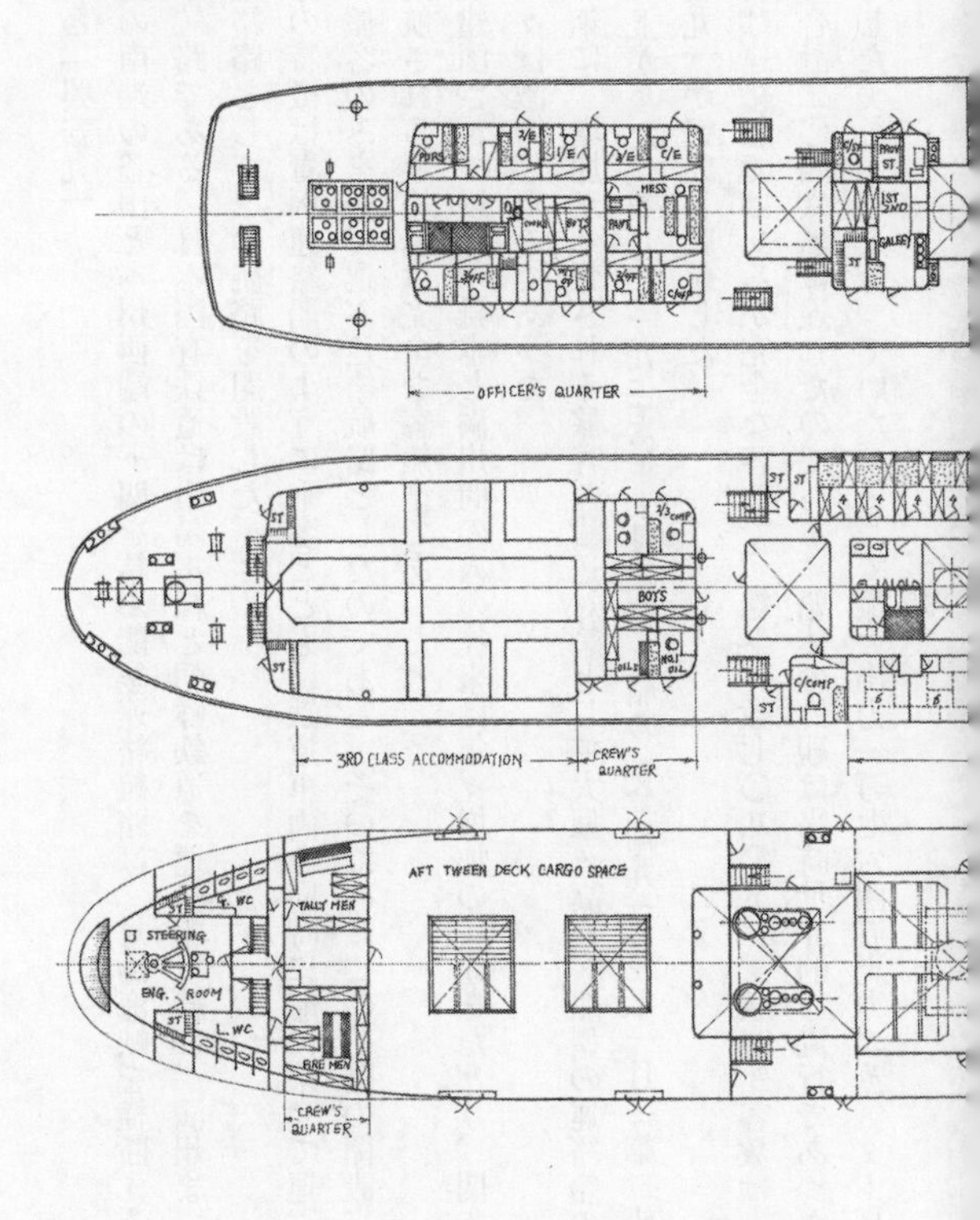

OFFICER'S QUARTER
MESS
GALLEY
BOYS
3RD CLASS ACCOMMODATION
CREW'S QUARTER
AFT TWEEN DECK CARGO SPACE
STEERING
ENG. ROOM
TALLY MEN
FIRE MEN
T. WC
L. WC
CREW'S QUARTER

明である。

「金剛丸」と「興安丸」

朝鮮半島の南端の釜山と本州西端の下関を結ぶ関釜連絡航路は、対馬海峡を横断する約二二〇キロの航路である。日本国有鉄道は山陽本線と朝鮮鉄道を連絡船で結び、満州までを一気に結ぶ連絡路としてこの航路を開設した。

この航路の特徴は青函連絡船のように乗客とともに鉄道車両を同時に船に乗せて運ぶ方式ではなく、旅客のみを船で運ぶ連絡航路としたのである。そのためにこの航路の開設当初からここで運航される連絡船は完全な客船型であった。

満州国が建国されて以来、日本と満州間の人の往来は年々増加の一途をたどり、関釜連絡船を使う人々は激増したのであった。

一九三三年に、増加が予想される旅客の輸送対策として大型・高速客船型の連絡船の建造計画が持ち上がった。そして一九三六年十月に第一船の「金剛丸」、翌年一月に第二船の姉妹船「興安丸」が完成し就航した。

この二隻は連絡船ではあるが完全な客船で、総トン数七〇八〇トン、収容船客数は一等から三等まで合計二〇四六名に達したのである。船体の外観は当時世界的な流行であった流線型を基調とした美しい姿となっていた。そして最大出力一万七六四五馬力の蒸気タービン機

金剛丸

関、二軸推進による最高速力は二三・一ノットを発揮したのである。この速力は当時のあらゆる商船の中でも日本最速であった。

「金剛丸」と「興安丸」は主に夜行便として運航され、下関・釜山間を七時間で走破することが可能であった。つまり下関に夜十時に到着すると、船内で一泊して翌朝六時には釜山に到着できるというスケジュールを可能にしたのであった。両船は国家の重要航路の基幹船であったために徴用の対象にはならず、戦時中も同航路で活躍していたのであった。

しかし、「金剛丸」は終戦直前の一九四五年五月、博多湾で磁気機雷の爆発で船底を損傷し、港内に着底して終戦を迎えたのである。

「金剛丸」は一九四八年までには浮揚作業を終えて修理が行なわれたが、一方の「興安丸」は可動船舶として、終戦直後から朝鮮半島方面からの邦人引揚者（その多くは満州から避難してきた民間人）の日本への帰還輸送に活躍していた。

一九五〇年六月に朝鮮戦争が勃発すると二隻は米軍に徴用さ

れ、朝鮮半島へ向けての米軍部隊の輸送船として運用されることになったのである。

そして十月、「金剛丸」は台風（ルース台風）の激浪に流され五島列島北端の宇久島の岩礁に座礁、以後の離礁作業は困難を極め、結局本船は後に現場で解体されたのである。

「興安丸」はその後も軍隊輸送船として従事し、一九五三年十月に任務を解かれたが、その後は中国やソ連からの旧日本軍将兵抑留者の引揚船として、前記の「白山丸」や「白竜丸」および「高砂丸」とともに活躍し、その名は一躍全国的に知られるようになった。

なお「興安丸」には特異な実績が残されているのである。一九四七年十二月、昭和天皇が全国巡幸で山口県を訪れた際、下関港に停泊中の「興安丸」が陛下のご宿泊所として提供されたのである。当時下関周辺の著名な旅館、ホテルは荒廃状態にあり、陛下のご宿泊所が停泊中の「興安丸」以外になかったのであった。このとき陛下は「興安丸」の既存の最上等の旧一等客室（寝室、居室、浴室の特別室）に宿泊され、夕食には同船の調理室で作られた当時精一杯の料理を召し上がられたのである。

「興安丸」は一九五八年に東洋郵船社に売却され、当社は本船を東京湾遊覧船に仕立てたが業績不振、翌年インドネシアの海運会社に傭船され、同国のイスラム教徒のメッカ巡礼船として一九六九年まで運用されていた。そして本船は一九七〇年十一月に日本で解体された。


「宗谷丸」

宗谷丸

日本国有鉄道は新たに領有された樺太に設けられた樺太鉄道と、北海道内の国有鉄道線である宗谷本線を連絡するために、宗谷本線終端の稚内駅と樺太鉄道の大泊駅を結ぶ鉄道連絡航路を開設した。この航路は関釜連絡航路と同じく鉄道車両輸送用の航路ではなく、旅客と貨物を運ぶ専用連絡航路であった。そのために建造された連絡船はすべて貨客船であった。

この航路には開設当初から「亜庭丸」という砕氷型の貨客船式連絡船が配船されていたが、老朽化と輸送力改善のために、一九三二年十二月に新しい連絡船「宗谷丸」が建造された。本船は先に述べた海上保安庁の大型巡視船「宗谷」と間違われることが多いが、まったく別の船である。

「宗谷丸」は総トン数三五九三トン、最高速力一七・一ノットで、樺太南端の亜庭湾の結氷に備えて船首水面下と水面下外板は強化され、厚さ四〇センチまでの氷に対しては連続砕氷航行が可能であった。

本船の旅客定員は一等から三等まで合計七九〇名で、外部から船室区域への出入り口も厳寒に備えた構造になっていた。

「宗谷丸」はこの航路が国家重要航路であったために徴用の対象から

はずれ、戦時中も連絡船として運用されていた。そして終戦直前のソ連軍の樺太への突然の侵攻に際し、本船は避難民を北海道に緊急移送する任務を果たすことになったのだ。
引き揚げ輸送に従事した後は「宗谷丸」は運航の途がなく、ときには青函連絡船の代役船となったが、一九五二年に船体の一部を改造し、国鉄用石炭の運搬専用船としての任務が続いた。その間の一九五五年、地球観測年への日本の参加に際し、南極観測隊輸送用の船として本船を使う計画が持ち上がった。しかし同じ砕氷構造の海上保安庁の大型巡視船「宗谷」が、能力的には本船には劣るが、船齢が若いことや改造費が廉価なため、「宗谷丸」の「南極観測船」の夢は消えたのであった。本船はその後、一九六五年に解体された。

油槽船・特殊貨物船
「さんじえご丸」
本船は終戦時に唯一残存した既存型の大型油槽船である。本船は石油需要の高まりに応じ、一九二八年（昭和三年）三月に三菱商事社（三菱汽船社が運航）が建造した総トン数七二六八トンの日本初の大型油槽船であった。
「さんじえご丸」は竣工以来、アメリカ西海岸のカリフォルニア産原油の日本への輸送に活躍していた。一九四〇年のアメリカ産原油の禁輸にともない、原油積み取り先を蘭印に求めていたが、太平洋戦争の開戦によって中止となった。その後一時海軍に徴用されたが間もな

さんじえご丸

く解除となり、以後は占領後の蘭印産石油の日本への輸送に運用されていた。
　戦争末期には本船は船団の一隻として行動し、シンガポールからの石油の輸送に活躍したが、この間には幾多の攻撃を奇跡的に逃れ、終戦時に唯一の既存型油槽船として残存したのであった。
　終戦直後から「さんじえご丸」は引揚者輸送船の燃料油ステーションとして運用されていたが、一九四六年から再開された南氷洋捕鯨に際しては、船団の給油船として南氷洋まで行動している。この捕鯨給油船に本船は合計三回参加しているが、一九四八年には初めてのペルシャ湾の石油積み出しに派遣されている。
「さんじえご丸」はペルシャ湾からの石油輸送に活躍していたが、その後の新しい大型船の出現にともない運航は中止され、国内の石油基地間の輸送に従事していた。本船は老朽化のために一九六〇年九月に解体されたが、日本の油槽船発達史上、忘れてはならない船であった。

「武智丸」
　本船は日本の商船としては極めて特異な存在の船である。本船は太平洋戦争中に造られたコンクリート製の小型貨物船なのである。

コンクリートで船を建造するという発想はすでに一九世紀末にオランダで実現されており、二〇世紀に入るとノルウェー、スウェーデン、ドイツなどでも小型の貨物船が現われている。そして一九一八年にはアメリカで総トン数四五〇〇トンのコンクリート製貨物船が登場し、大西洋を横断しているのである。

コンクリート製の船のメリットは鋼鉄製に比較して耐久性や強度が高いことである。ただし同一規模の船の場合、船体重量がかさむために積載貨物量が若干低下する。しかし建造工期が鋼鉄製の船にくらべると大幅に短縮され、溶接や鋲打ちなどの熟練工を必要とせず、建造コストが廉価であることが大きなメリットとなるのである。したがって鋼材の絶対量が不足する戦時においては、コンクリート船は救世主ともなるのである。

一九四二年に海軍艦政本部は今後の鋼材の絶対的な不足を考慮し、コンクリート船建造の研究を開始した。舞鶴海軍工廠と国立大学工学部との共同研究で進められ、一九四四年に民間篤志家の協力を得て建造場所の提供を受け、実船の建造が開始されたのである。場所は兵庫県高砂市の海岸で、塩田跡地に特製の建造ドックを造りコンクリート船の建造を開始したのであった。

建造する船は第二次戦時標準設計の2E型に準じた規模の小型貨物船で、総トン数八〇〇トンの船尾機関型の貨物船であった。船体は全長六一メートル、全幅一〇メートル、深さ

（船底から上甲板までの高さ）六メートルで、舷側や甲板、また船底のコンクリートの厚さは一〇～一五センチであった。

主機関は最大出力七〇〇馬力のディーゼル機関で、最高速力九・五ノットを発揮した。積載貨物量は九八〇トンで同規格の２Ｅ型鋼製小型貨物船の搭載量一〇〇〇トンに比較し、ほとんど差はないものとなった。

コンクリート船の建造は一九四四年一月に開始され、六月に第一船が完成した。本船の船名は「武智丸」とされたが、その後終戦までに同一規格の三隻が建造され、合計四隻のコンクリート船は、それぞれ第一、第二、第三、第四武智丸と命名された。

完成した「武智丸」は当座は海軍の手で運用試験が行なわれ、瀬戸内での貨物輸送が実施された。本船の運航成績は極めて良好であった。安定性がよく動揺が少なく、しかも静粛であったのである。鋼製の船体と異なりコンクリート製の船体は騒音を吸収するのである。しかも鋼製の船体と違って磁気機雷や音響機雷の爆発を逃れることができるという、大きなメリットが得られたのである。

「武智丸」四隻は他の鋼製の船が瀬戸内海航路でつぎつぎと磁気・音響機雷の犠牲になるなかで、コンクリート船の静粛性も手伝い機雷の犠牲になることは一度もなかったのであった。

四隻は終戦時、瀬戸内の呉周辺に残存していたが、未知の船であることから本船を扱うという海運会社は現われず、結局これらコンクリート船は放置された。その後広島県安浦町の

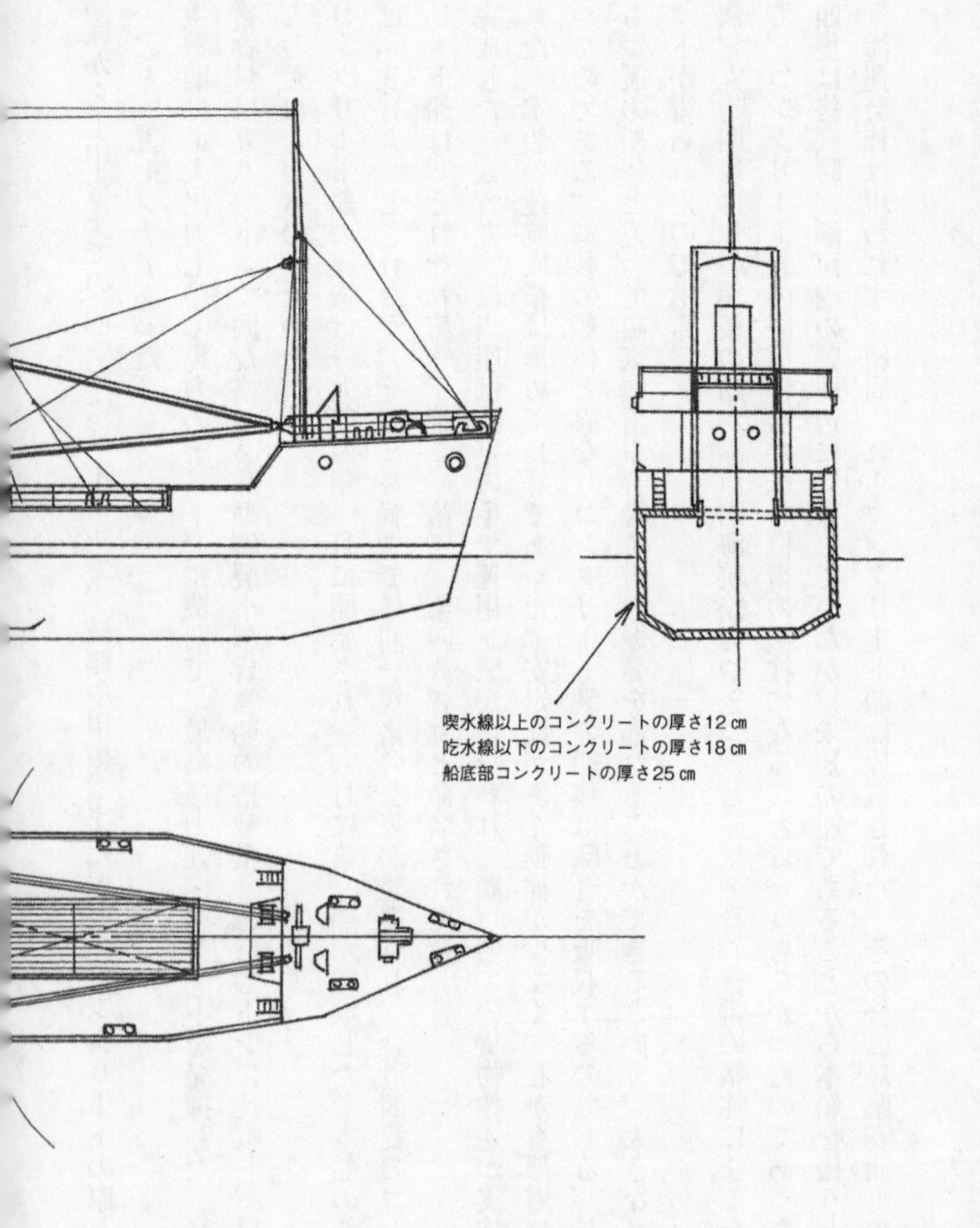
喫水線以上のコンクリートの厚さ12㎝
吃水線以下のコンクリートの厚さ18㎝
船底部コンクリートの厚さ25㎝

コンクリート造小型貨物船武智丸

漁港建設に際し、堤防として用いるために二隻は半没状態とされた。ちなみに現在でもこの二隻の姿を史跡として見ることができる。「武智丸」は日本の船舶史上でも記念すべき船なのである。

第6章　戦後大改造された戦時標準設計船

三年九ヵ月におよぶ太平洋戦争で、日本は合計二五六八隻、八四三万総トンの商船を失い、一二一七隻、一三四万総トンの商船が残った。しかしこの中で稼働状態で残された商船はわずか八〇万総トンに過ぎず、その中の六五万総トンが戦時急造（第二次戦時標準設計船）の粗悪な商船で、戦前型の優秀商船に該当する船はわずか一握りに過ぎなかった。

残存商船の主力になっていたのは粗製濫造された第二次戦時標準設計船で、その内訳は2A型大型貨物船と2TL型大型油槽船でその総数は約五〇隻であった。そして残りの大半は総トン数八〇〇トン級の小型貨物船であった。

この残された大型船のすべては、平時建造の外航船舶に厳重に課せられた世界的な船舶安全基準を満たしている船ではなかった。外航大型船舶には船体には必須の二重底はなく、船体強度を保つ鋼材は間引き節約され、船腹の外板も基準を満たす厚さではなかったのである。

つまりこれら大型船は世界に向けての外航航路の船としての安全基準を満たしておらず、そこに配船することのできない常識外の商船だったのである。これらの船を建造するに際しての基本構想は、船舶に対する基本的な安全基準は度外視し、「とにかく数を揃え、物を運び、耐久性は二の次。とにかく数を揃える」とするものであった。

こうした状況から、終戦直後から展開された海外残留邦人の引き揚げ輸送に際しても、この型式の船は日本に近接する地域（中国北部、朝鮮半島、ソ連領土など）からの輸送以外には運用不可能だったのである。そしてその代替としてアメリカのリバティー型貨物船や戦車揚陸艦（LST）、あるいは武装を撤去した日本海軍の各種艦艇が動員されたのである。

終戦の混乱もしだいに収まり始めた一九四八年（昭和二十三年）頃から、制限付きではあるが日本船による外国からの物資輸送が認められた。その行き先はタイやビルマ、北米西岸などであったが、そこに配船される商船は残存した一握りの既存商船以外になかったのであった。

こうして先にも述べたとおり、外航船の規格外に置かれていた粗悪な第二次戦時標準設計船の大型貨物船と大型油槽船に関しても、基準に適合した大規模な手直し改造を施せば外航航路に配船できる道が開けたのである。

一九四九年に2A型大型貨物船と2TL型大型油槽船について、必要な改造を実施すれば、アメリカ国際船級資格（AB級：American Bureau of Shipping）とフランス国際船級資格（ＢＶ級：Bureau Veritas）が取得できることが決定したのであった。これは言い換えれば第二次戦時標準設計船は、船舶の基本を度外視した設計で建造された船であることが証明されたことになったのだ。

ここで必要な改造とは、最低限でも二重底の新設、船体基本構造材の正規の配置と必要強度の確保、外板を厚板鋼板への張り替え、乗組員居住区域の整備、航海機器の整備、主機関の整備などであった。

最終的にこの方針に従って大規模改造が施された商船は、ＡＢ級資格取得貨物船二五隻、ＢＶ級資格取得貨物船一五隻と同資格取得油槽船一二隻の合計五二隻となり、総トン数三八万トンに達したのである。

大改造を受けた2Ａ型戦時標準設計貨物船のほとんどは、その外観が一変した。それまでの船尾機関式から三島型外形の中央機関式に改造され、同時に主機関も出力の強化された蒸気タービン機関に換装されたのである。しかし2Ａ型船に特有の無舷弧（ノーシーア）は変わらず、船体の外観は特有の直線的な姿を保つことになった。

また同じく2ＴＬ型油槽船も改造が行なわれ、船尾機関式と無舷弧の外観は変わらないが、主機関が強化換装され速力の多少の増加が図られた。

これら大改造が施された戦時標準設計の大型貨物船と油槽船は、一九五一年以降しだいに緩和された大型貨物船と油槽船の建造が軌道に乗ってその就航が行なわれるまで、戦後日本の貿易輸送に活躍したのであった。

貨物船

「大江山丸」

本船は三井船舶社が一九四四年十一月に建造した2A型戦時標準設計型貨物船である。総トン数六八九二トン、貨物積載量九〇〇〇トン、最大出力二〇〇〇馬力の蒸気タービン機関による本船の最高速力は一三・一ノットであった。

「大江山丸」は完成後、フィリピンのマニラ経由のシンガポールまでの船団に加わり、帰途に生ゴムや鉱石類約九〇〇〇トンを搭載し無事に日本に帰港している。この時期の危険度の極めて高いシンガポール往復としては奇跡的な航海であるといえた。

「大江山丸」は終戦時無傷で残存していたが、一九五〇年に大改造を実施してAB級資格を取得した。その後、北米を中心とした戦後の貿易輸送の主力の一隻として活躍したが、本船は復旧型戦時標準設計船の中でも最も活躍した貨物船として評価が高い船であった。本船は一九六三年に解体された。

「大瑞丸」

本船は大阪商船社が一九四五年二月に建造した2A型貨物船である。しかし完成時期が遅く輸送船としての活躍の実績は少なく、終戦時無傷で残存していた。
総トン数六八七二トンの本船は大改造の末、一九五〇年七月にＡＢ級の資格を獲得し、以後同社を代表する貨物船として貿易輸送の第一戦に立つことになった。本船は西回り南米航路に就航する戦後の日本の第一船となった。その後、北米や南米航路に就航し、多数の優秀貨物船の出現により一九六三年四月に解体された。

油槽船

「大椎丸」

本船は大阪商船社が建造した第三次戦時標準設計型油槽船である。第二次戦時標準設計船の表向きの最大の欠陥は低速であることであった。六〇〇〇から九〇〇〇総トン級の船に二〇〇〇乃至二三〇〇馬力の蒸気タービン機関を装備するのが標準であるが、最高速力は最大でも一三ノット（時速二四キロ）が限界であった。この欠陥を改良するために、とくに油槽船（ＴＬ型）の増速を実現するために、主機関を最大出力九〇〇〇馬力の蒸気タービン機関とし、最高速力を一五乃至一六ノットに増速する対策が進められたのである。そこで誕生したのが第三次戦時標準設計船であり、対象は貨物船と油槽船とされた。

終戦時までに一応の完成を見たのは貨物船（３Ａ型）五隻、油槽船（３ＴＬ型）三隻のみであった。いずれも完成は一九四五年（昭和二十年）三月以降であり、実際の外洋輸送任務

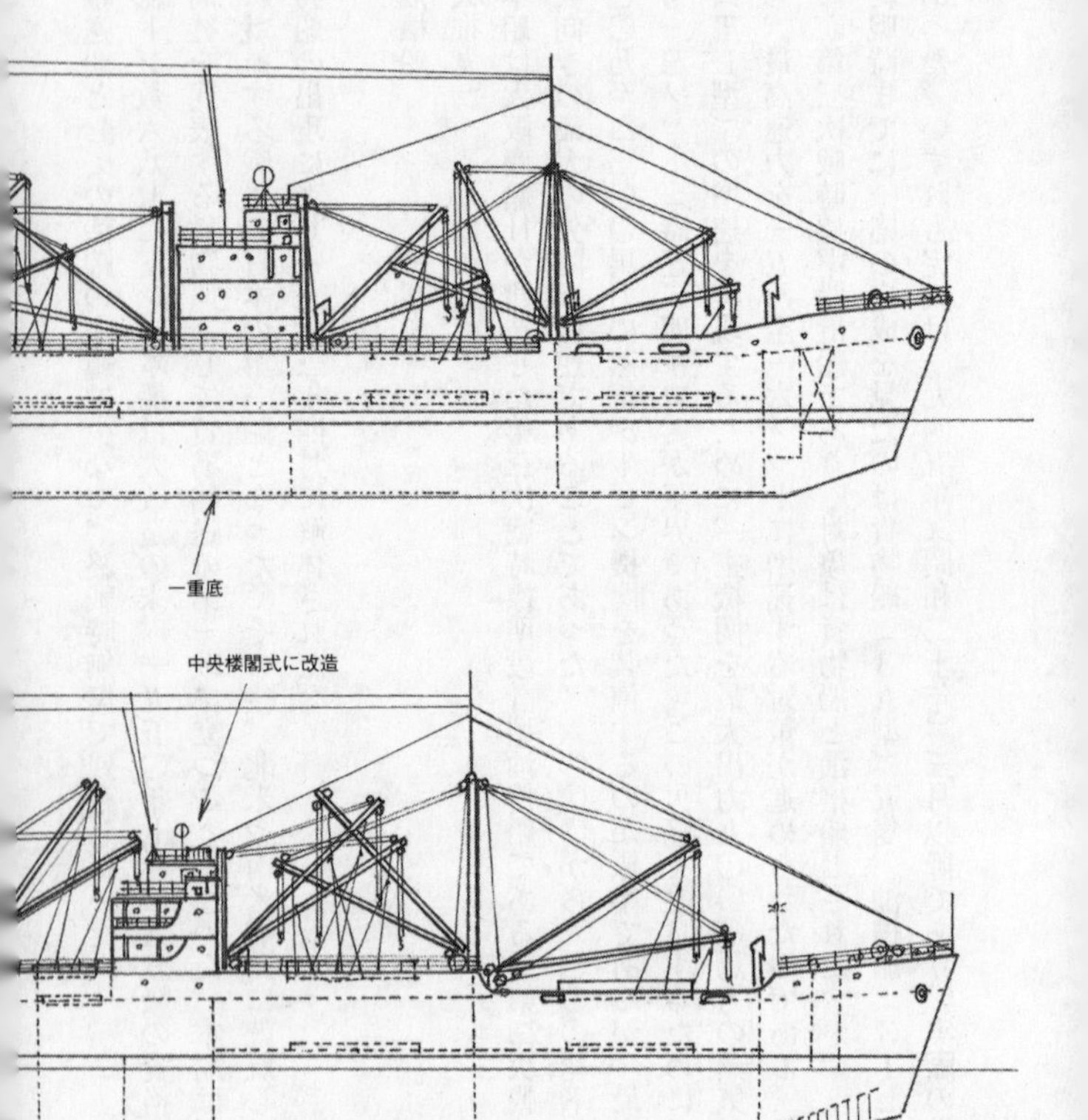
一重底
中央楼閣式に改造
二重底

貨物船大江山丸(大改造前・後)

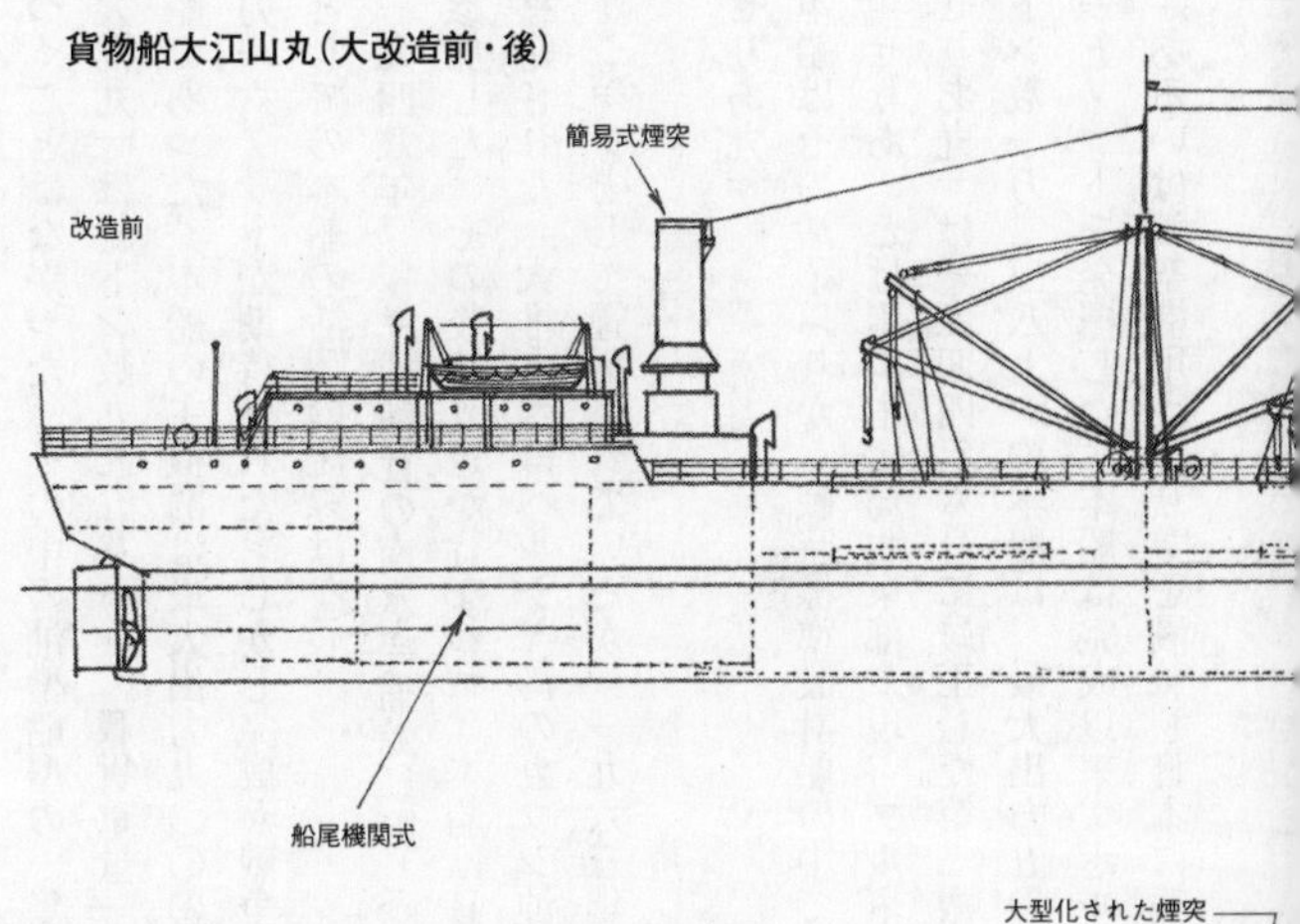

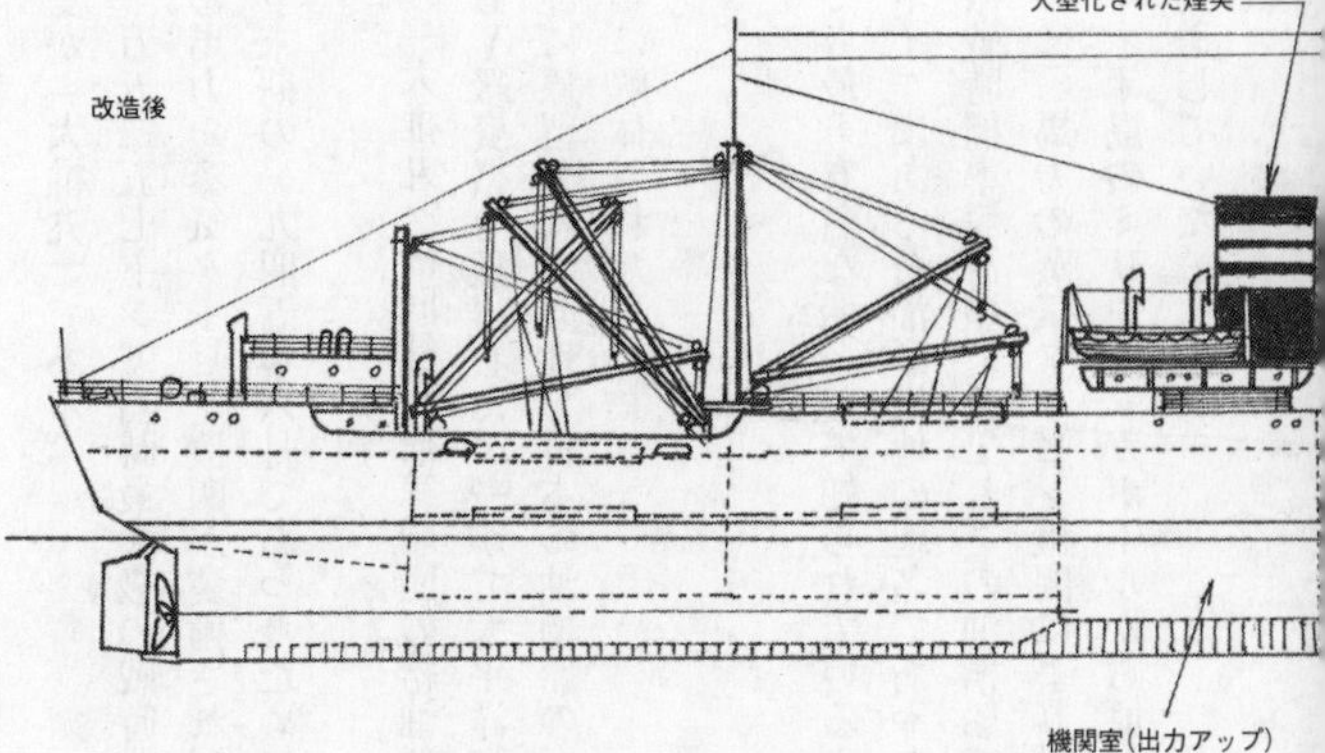

につくことはなかった。その中の油槽船型の一隻が「大椎丸」である。「大椎丸」は総トン数九九五八トン、載貨重量一万五二五七トン、当時最大級の戦時設計型商船であった。本船の主機関は最大出力九〇〇〇馬力の蒸気タービン機関が装備され、最高速力一六ノットが期待された。しかし完成が戦争末期の一九四五年六月であったために油槽船としての本船の活躍の記録はない。

一九四八年、極洋捕鯨社の南氷洋捕鯨に際し、「大椎丸」は同社の捕鯨船団の給油船として参加した。その後に改造が行なわれ、本船はBV級資格を獲得した。やがて太平洋海運社に移籍された「大椎丸」はペルシャ湾のカフジ沖に係留され、同地で日本の油槽船の石油ステーションとして運用されていたが、一九六三年に解体された。

「せりあ丸」

本船はその活躍ぶりから戦時標準設計船の中でも最も有名な船として知られている。船名の「せりあ」とはボルネオ島北東部（現、ブルネイ）にある石油産出地の地名であった。「せりあ丸」は一九四四年六月に竣工した第二次戦時標準設計型（2TL）の油槽船である。総トン数一万二三八トンの本船は、最大出力五〇〇〇馬力の蒸気タービン機関により最高速力一五ノットを発揮した。本船は完成以来、ボルネオ島のミリやシンガポールから原油や重油、あるいは航空機用ガソリンを満載し日本に輸送していた。

一九四五年一月二十日、一万五〇〇〇トンの航空機用ガソリンを積載しシンガポールを護衛艦艇とともに単船で出港、インドシナ半島から中国の沿岸に近接した航路をとり、二月七日に無事に日本の門司にたどり着いたのである。

当時の南シナ海はすでに制空権も制海権も完全に米軍の支配下にあり、この一八日間の航海で敵の攻撃を受けなかったのは、たくみなコース選びと偶然の機会を得たことにより初めて達成できたものであった。持ち帰った一万五〇〇〇トンの航空機用ガソリンは、燃料が絶対的に不足していた当時の日本国内の陸海軍航空隊にとっては、まさに「干天の慈雨」に等しく、陸軍はこの「せりあ丸」の功績に対し部隊に対する最高の栄誉である「武功旗」を贈っている。

「せりあ丸」は終戦前の七月、瀬戸内方面に対する米海軍機動部隊の攻撃で船尾に被弾、赤穂の浅海に着底したが、戦後の一九四八年に浮揚され、日本油槽船社の持ち船として大改修工事の後、一九五〇年にBV級船級資格を獲得した。本船は以後バーレーン方面からの石油輸送に活躍していたが、その後の油槽船の巨大化にともない運航採算性が低下し、一九六三年に解体された。

なお戦時中の「せりあ丸」の対空武装は強力で、八センチ高角砲二門、二〇ミリ連装機関砲四基、一三ミリ単装機関砲八門を搭載していた。

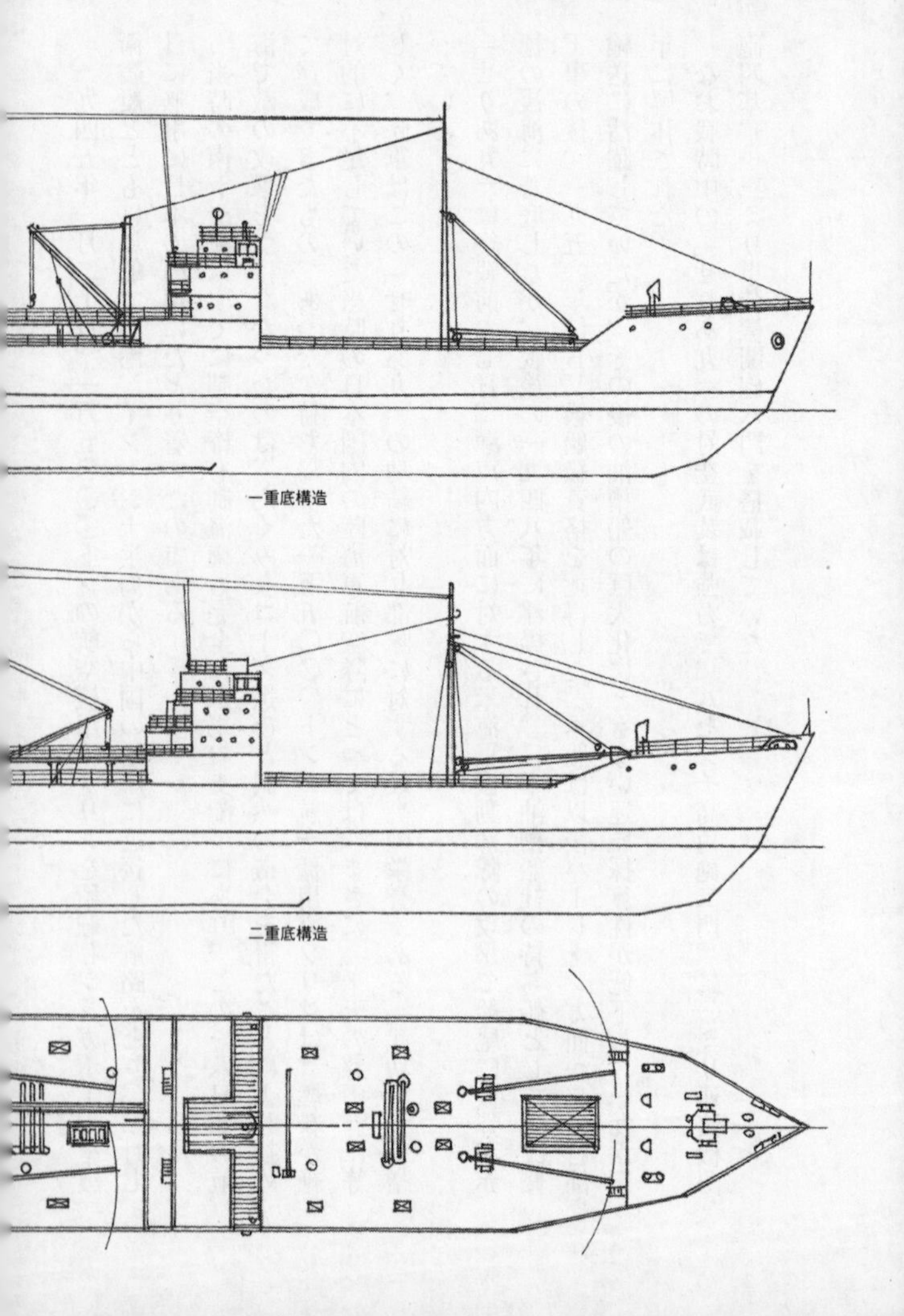
一重底構造
二重底構造

大型油槽船せりあ丸(改造前・後)

第二次戦時急造型大型油槽船 2TL型せりあ丸

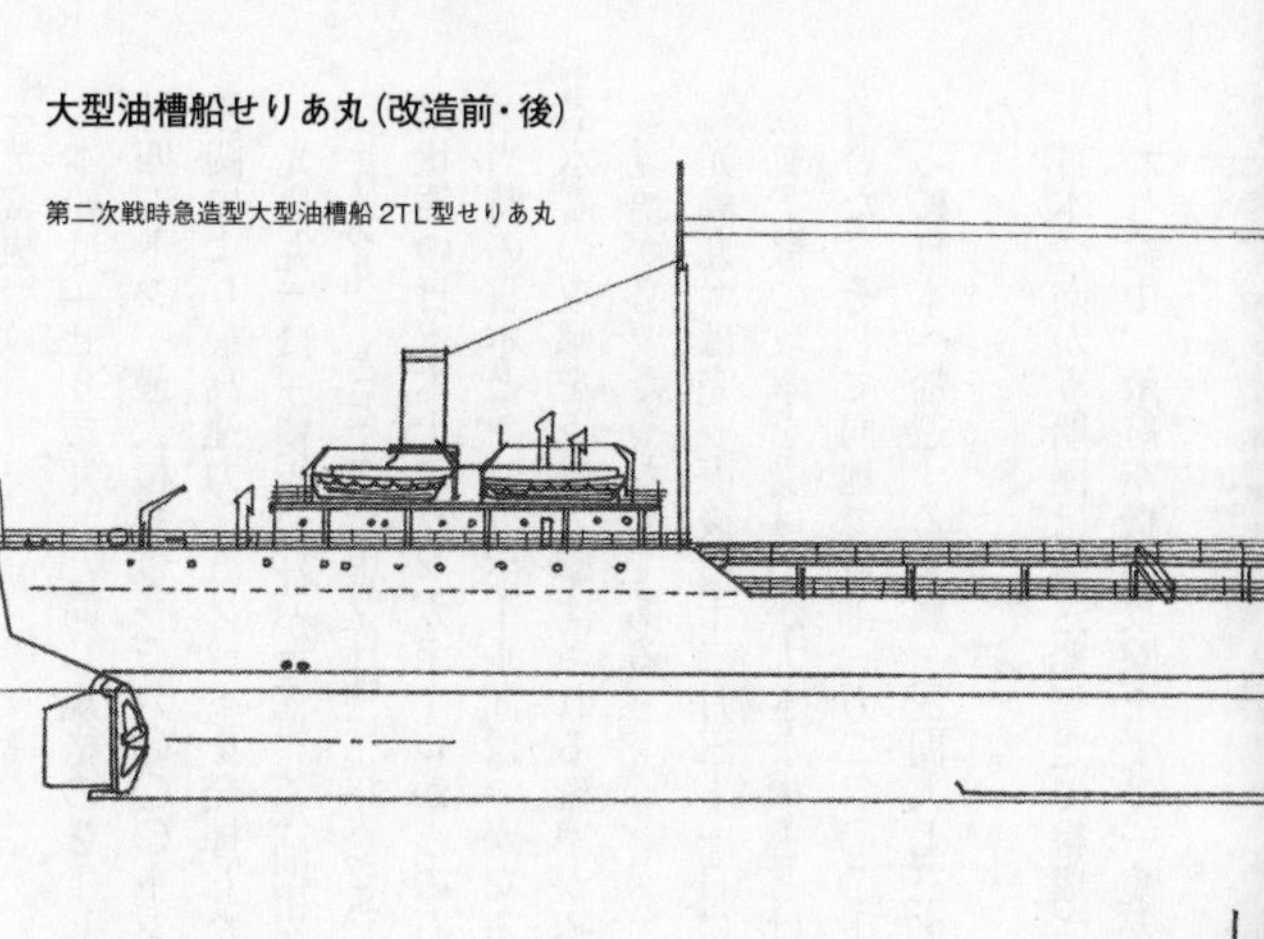

戦後改造後のせりあ丸

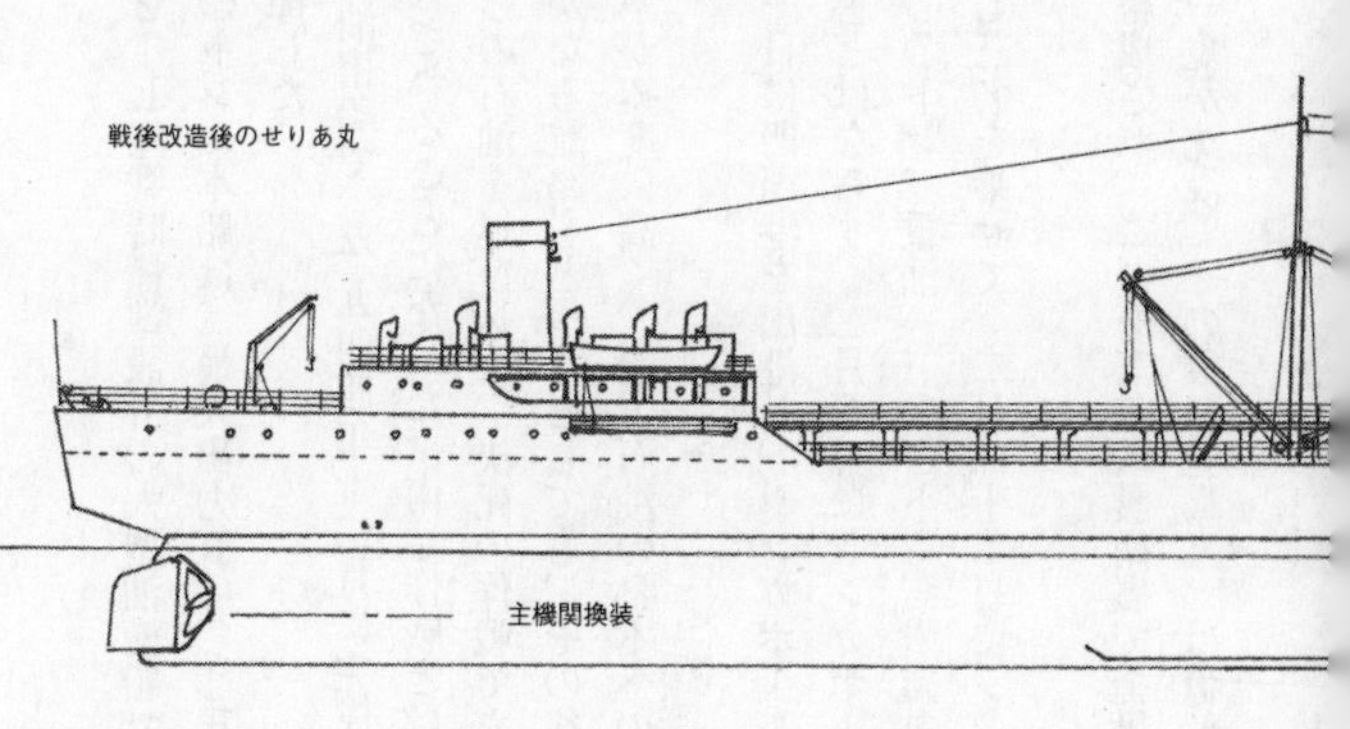

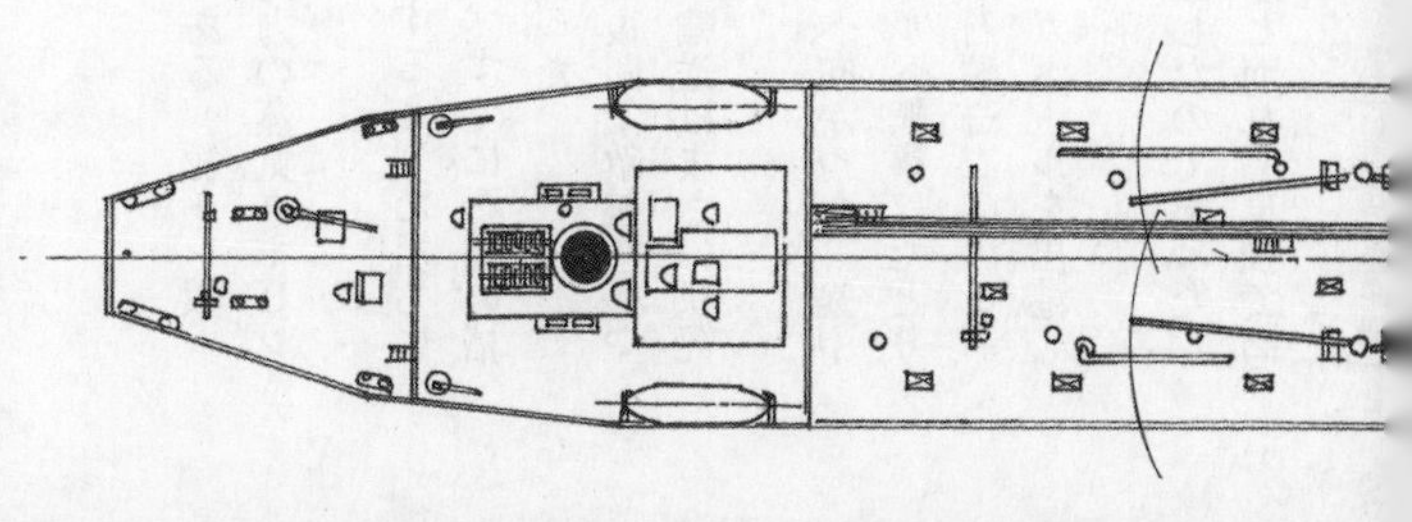

「光島丸」

本船は「せりあ丸」と同じ規格の2TL型戦時標準設計の大型油槽船である。総トン数一万四五トン、最大積載量一万六〇〇〇トンの本船は、最大出力五〇〇〇馬力の蒸気タービン機関により最高速力一五ノットを発揮した。

「光島丸」は三菱汽船社が建造した油槽船で、一九四四年十二月に完成すると、ただちに「せりあ丸」とともに南号作戦に投入されることになった。南号作戦とは、すでに石油の枯渇状態の日本本土にシンガポールからの石油を運び込む、決死の作戦であった。

当時の日本とシンガポール間はいかなる航路をとったとしても、その往復間で敵航空機や潜水艦の攻撃をうけて撃沈される確率が極度に高く、南方石油の日本への輸送はまさに決死の覚悟が必要だったのである。

「光島丸」は完成直後の十二月三十一日に門司港を出港し、シンガポールへ向かった。途中敵航空機の攻撃を受けたが大きな損害とはならず、二月八日にシンガポールへ無事にたどり着いた。そして同地で原油一万二〇〇〇トン、重油一三〇〇トン、貴重鉱石類一二〇トン、さらに日本へ帰還する軍属・民間人七三名を乗せて、二月二十二日にシンガポールを出港した。

日本に向かう船団は輸送船三隻で編成され、これを三隻の護衛艦で掩護したのであった。しかし途中、敵航空機の攻撃を受け一隻が沈没。その後「光島丸」は僚船と別れ、単独で門司に向かったのであった。再び「光島丸」も航空攻撃を受け被弾したが、何とか持ちこたえ、三月二十七日にかろうじて門司に帰着したのであった。

そして南号作戦はこれが最後となり、「光島丸」が運び込んだ石油類が終戦時までに日本に運び込まれた南方石油の最後となったのであった。なお「光島丸」が届けた一三〇〇トンの重油は、その後沖縄へ向けて出撃した戦艦「大和」の燃料として供給されることになったのである。

戦後、「光島丸」は改造されてBV級船級資格を獲得し、ペルシャ湾石油の初期の日本への輸送に活躍したのであった。「光島丸」の日本とペルシャ湾間の運行はじつに五八航海にも達し、本船は戦後日本の復興に大きく貢献した商船を代表する一隻といえるのである。

第７章　残存商船に関わる事件と損傷軍艦のその後

残存商船に関わる事件

オプテンノール号事件

オプテンノール（ＯＰ ＴＥＮ ＮＯＯＲＴ）とはオランダが一九二七年（昭和二年）に建造した総トン数五九五五トンの客船である。この船はオランダ王立汽船会社（通称、ＫＰＭ：Koninklijke Paketvaart Maatschappij）が、オランダ領東インド（蘭印。現、インドネシア）の貨客輸送のために建造した客船で姉妹船一隻があった。

オプテンノールは一本煙突のレシプロ機関駆動の客船で、最高時速一七ノットを発揮した。旅客は一等、二等、三等級でその合計は二六四〇名となっていた。船の規模に対して船客が多いが、一等と二等はオランダ人船客に限られ、現地人は三等を利用し、彼らはすべてデッキパッセンジャーとなっていた。格安で乗船するデッキパッセンジャーとは、船室を持たず甲板で起居する旅客のことである。彼らは食料を持参して甲板上で調理し、寝るのも甲板上であった。このために三等船客は二四六〇名に達したのである。

オランダは第二次世界大戦勃発から間もない一九四〇年五月十五日にドイツ軍の侵攻を受け、オランダ王立政府はイギリスのロンドンに亡命政府を樹立したが、オランダの各植民地政府も亡命政府の指揮下に入ることになった。したがって蘭印政府はオランダ亡命政府のもとで蘭印陸海空軍の指揮を執ることになったのである。その蘭印政府の首都はジャカルタであった。

太平洋戦争が勃発すると蘭印政府はただちに日本に対し宣戦を布告し、蘭印陸海空軍は戦備を整えた。

蘭印海軍は軽巡洋艦デ・ロイテル、ジャワ、トロンプ、そして駆逐艦と潜水艦で防備態勢に入るとともに、病院船として客船オプテンノールを徴用し、日本政府に対しても同船が病院船であることを通告した。

病院船オプテンノールはスラバヤ沖海戦の直後、同海戦で沈没した連合軍艦艇の負傷者を収容し、スラバヤ港に向かっていた。このとき同海域に展開していた日本海軍の第三艦隊第四水雷戦隊の駆逐艦「村雨」が病院船オプテンノールと遭遇し、本船は臨検を受けたのであった。

病院船に関する世界的な条約として、病院船が敵側の臨検を受けることには違法性はない

客船オプテンノール

が、病院船が武器弾薬などの軍需品を搭載、あるいは将兵を乗せていた場合には条約に違反した行為となり、敵側に拿捕されても条約違反にはならないのである。しかし何の嫌疑もないままに拿捕・連行すれば、病院船に関わる国際法上の逸脱行為となり、処罰の対象となるのである。

このとき日本海軍はオプテンノールが、この直後に日本陸海軍が展開するジャワ島攻略作戦の意図を探知し、この情報を蘭印軍に通報し防備態勢をとらせる可能性が十分にあると判断したのである。そこでオプテンノールを拿捕し、セレベス島の日本軍の占領地であるマカッサルに連行したのであった。これは日本側の国際条約違反行為であったのだ。

本件について日本海軍はその後も蘭印政府に通告はせず、オプテンノールは日本に回航され、日本海軍の病院船として運用することになったので

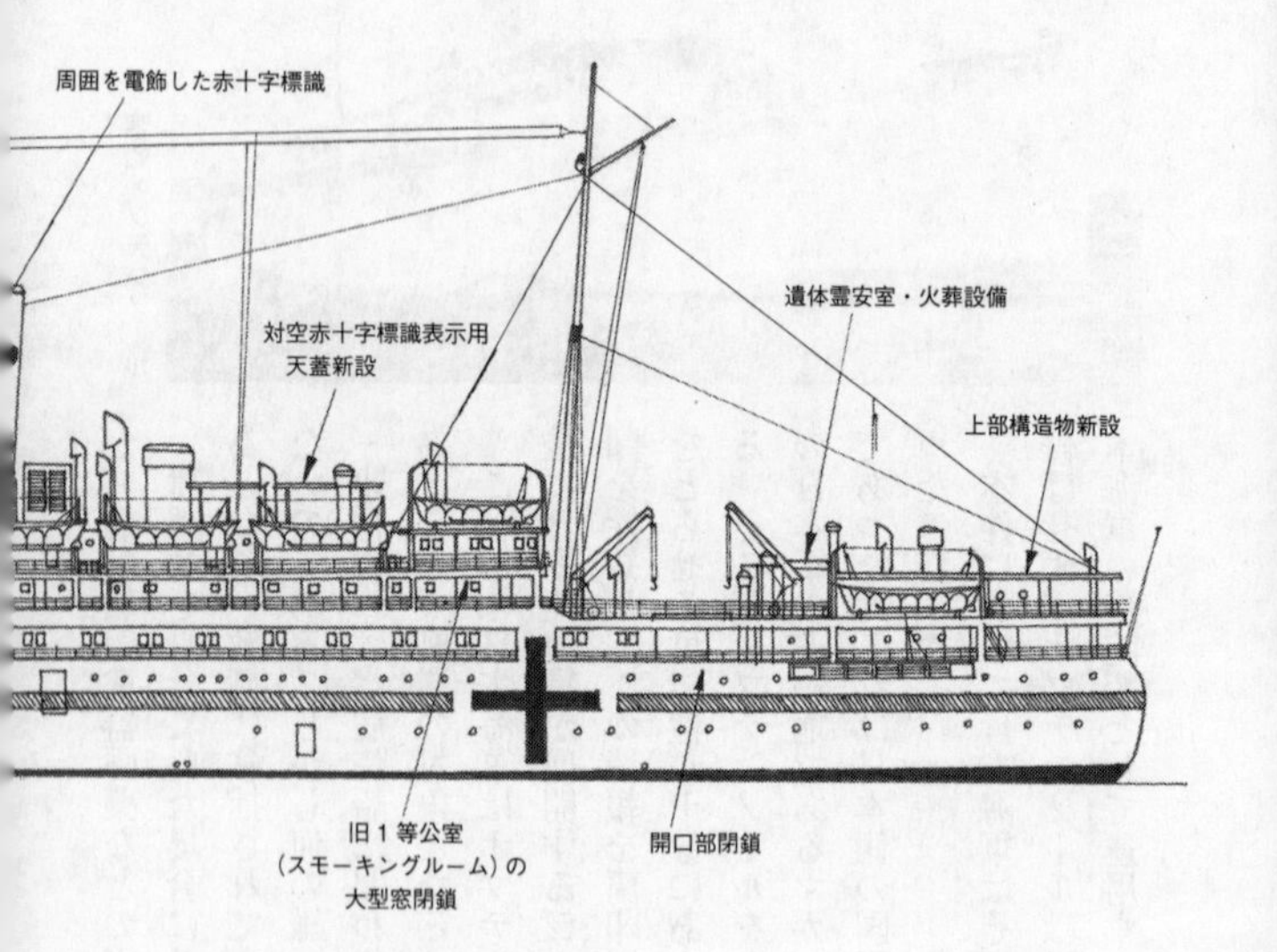

周囲を電飾した赤十字標識
対空赤十字標識表示用
天蓋新設
遺体霊安室・火葬設備
上部構造物新設
旧1等公室
（スモーキングルーム）の
大型窓閉鎖
開口部閉鎖

改造され病院船天応丸となったオプテンノール

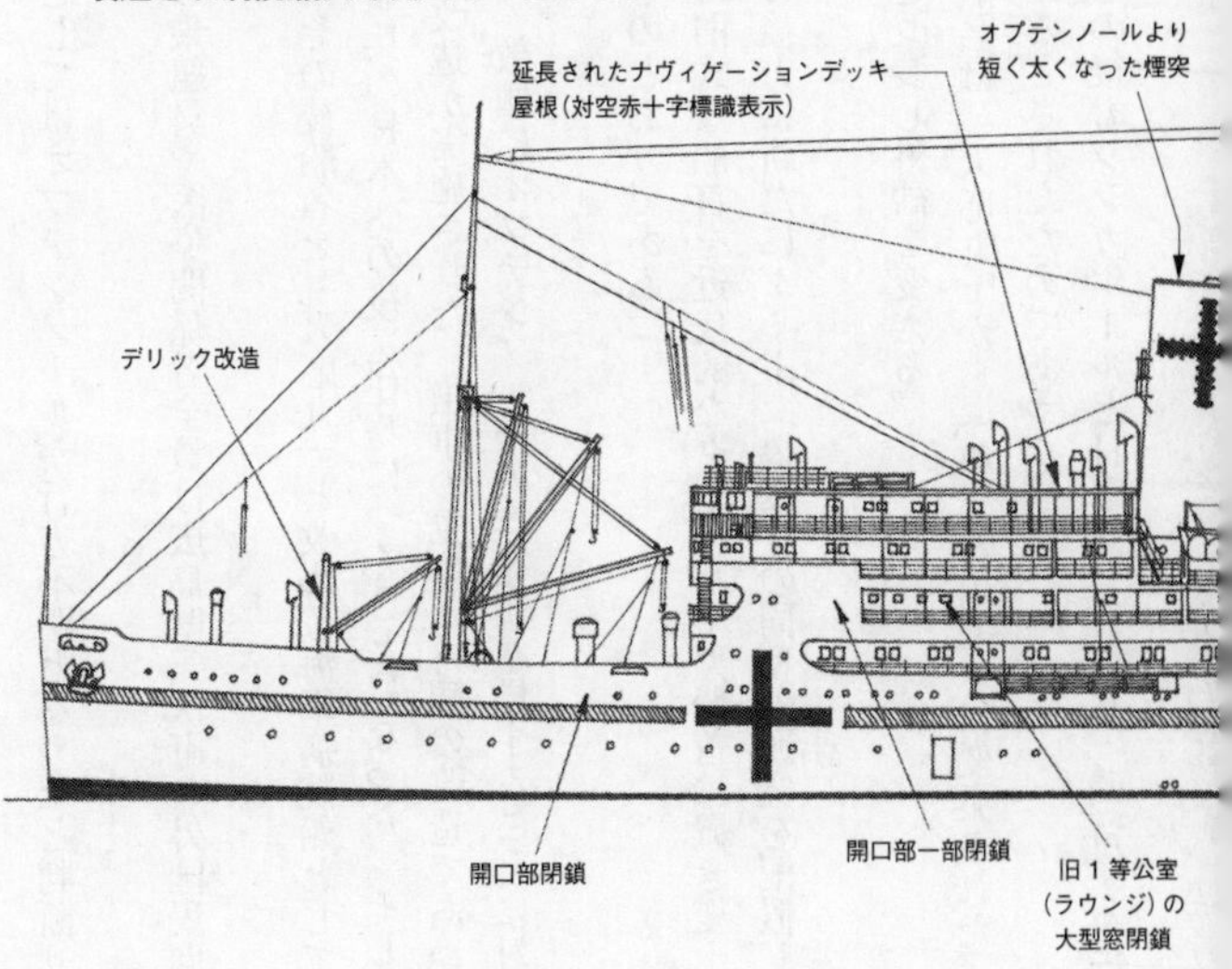

あった。蘭印政府としてはオプテンノールが行方不明となったと判断せざるを得なかったのである。

この時点で同船の乗組員や医療関係者全員は広島県三次町の外国民間人収容所に入れられていたのだ。

オプテンノールはその後船名を「天応丸」と改め、海軍病院船として一九四三年四月からソロモン戦線の傷病兵の日本への後送任務につくことになった。そして一九四四年九月に「天応丸」は大規模改造が実施された。工事の主体は外観の改造であった。これは行動中の「天応丸」によって、敵側にオプテンノールの存在が露見することに対する隠蔽工作であると受けとめられた。

改造の主体はつぎのとおりである。

一、同船の直立の旧式な船首を近代的なクリッパー型船首に置き変える。

二、既存の煙突の後方に新たにダミー（偽装）の同型の煙突を配置し、外観を二本煙突船に変える。

三、舷側の一部を改装し外観を変える。

なお、このとき船名は「天応丸」から「第二氷川丸」に変更された。「天応」の発音が天皇に通じ不敬にあたるとされたためであった。

「第二氷川丸」はその後もシンガポールと日本間を往復し、残留する傷病兵や遺骨の日本への輸送に運用されていた。

「第二氷川丸」は戦いを生き抜き、終戦時は舞鶴港に退避していた。しかし終戦直後の八月十九日、海軍は舞鶴湾口の沓島沖に本船を曳航し、船底に爆薬を仕かけて遠隔操作で爆発させ、その直前に船底のキングストン弁を開放して海水を船内に侵入させて沈没させたのであった。海軍による本船の存在を消すための工作だったのである。

九月十日、オランダ政府は日本政府に対しオプテンノールの消息を問い合わせてきたのである。本船の拿捕の経緯とその後については、収容されていたオランダ人乗組員や医療関係者が明確な証拠を証明していたのであった。

オランダ政府はオプテンノール拿捕の不法を訴え、またその返還を要求してきた。本件については、その後の交渉は長期にわたって続けられた。最終的には事件から三三年後の一九七八年（昭和五十三年）に、日本政府がオランダ政府に一億円の見舞金を支払うことで本件は解決することになったのであった。

「橘丸」事件

東海汽船社の小型客船「橘丸」（前出）は太平洋戦争の勃発後陸軍に徴用され、主に蘭印海域での陸軍関連人員の輸送やシンガポールと日本間の人員輸送などに使われていた。しかし一九四四年以降は同海域で陸軍病院船として運用され、蘭印戦域での傷病将兵の拠点病院への輸送などを行なっていた。

戦争も最末期の一九四五年七月、フィリピン戦線も米軍の制圧で終息し、東南アジアの戦局はボルネオ島の在日本軍の掃討戦へと進展していた。このときこの方面の日本陸軍の戦力は完全に分散状態で、強力な防衛や反撃を展開できる状況にはなかった。

陸軍南方軍は戦力増強の手立てとして、バンダ海やチモール海の諸島に点在する部隊の集結を図ることを計画していた。そのひとつが、モルッカ諸島のカイ島に駐留する一六〇〇名の部隊をボルネオ島に移動させることであった。そしてその方策として病院船「橘丸」を使うことにしたのである。

この決定に対し、その行為が完全に病院船に関わる条約に違反する(病院船を戦闘部隊・物資の輸送手段に使ってはならない。発覚した場合には攻撃対象になる)として「橘丸」船長は猛烈に反対したが、軍部は聞き入れず、ただちに実行に移されたのであった。

そして陸軍としてもこの行為を合法化するために、事前につぎのような細工を施したのであった。つまり移送将兵全員分の白衣(傷病兵の着衣類)の用意、全将兵の即製の偽カルテの作成、小銃と弾薬および擲弾筒などを赤十字マーク付箱への収納などであった。

「橘丸」がカイ島に向けてバンダ海を航行中、米軍哨戒機が上空に飛来し警戒にあたったのである。そして「橘丸」が一六〇〇名の陸軍部隊を収容しカイ島のトアールを出港すると、バンダ海の洋上で待機していた米海軍の二隻の駆逐艦が本船に接近し、臨検を求めたのである。

駆逐艦からの臨検隊が「橘丸」に乗船し臨検を開始したが、その不正はたちまち発覚することになり、同船は駆逐艦が随伴して即座にフィリピンのマニラに向かうことになったのであった。

マニラに到着すると乗船していた陸軍部隊将兵の全員は拘束され、捕虜収容所に送り込まれた。ただし「橘丸」の乗組員はそのまま同船に待機となった。そして間もなく戦争は終結し、「橘丸」は釈放されて日本へ向かうことになったのである。

この事件の直接の実行責任者である陸軍南方軍第五師団の参謀長は、終戦の日に事態の責任をとり自決、南方軍司令部要員の中の直接関係者四名は、その後開かれた軍事裁判の結果、刑期四年から七年の実刑判決を受けることになった。

「浮島丸」事件

大阪商船社の「浮島丸」（前出）は沖縄航路の船質改善のために一九三七年に建造された総トン数四七三一トンの中型貨客船である。「浮島丸」は戦争勃発前に海軍に徴用され、特設巡洋艦として活用されることになった。その後本船は特設砲艦に用途変更となり、一九四三年から特設監視艇隊の母艦として運用されていた。

終戦時、「浮島丸」は無傷で残存しており、終戦と同時にすべての武装を撤去し、全滅状態にあった青函連絡船の旅客輸送の主力船として、ただちに就航を開始したのである。その直後の八月二十二日に海軍省運輸本部から連絡が入り、青森県と秋田県下で就労していた朝鮮人労働者約三七〇〇名を送還するための輸送船として、本船を使用するとの命令が下ったのである。

「浮島丸」はこの命令に従い、八月二十二日の夜、すでに青森港に集結していた朝鮮人労働者を乗船させると、朝鮮半島の釜山に向けて出港したのであった。

一九四五年四月以降、米軍は日本本土周辺の諸港湾に対する機雷投下作戦を決行していた。これは飢餓作戦と名づけられ、B29爆撃機から無数の機雷を各地の港湾や海峡に投下し、日本の諸港に出入りする艦船を完全に封じ込めようとするものであった。

この作戦で投下されるのは磁気・音響に感知する高性能な大型機雷で、港湾の出入り口の浅海を目標に投下されるものであった。そのために付近を航行する艦船は、至近の海底に沈下しているかもしれない機雷が、鋼製の船体がもつ磁気や機関の駆動音によって、いつ爆発するか分からなかったのである。

これらは一般的な繋留機雷ではないために、この種の掃海は困難を極め、終戦前後の日本各地の港湾周辺の海域を航行する船舶はつねに爆発の危険にさらされていたのであった。

占領軍最高司令部（GHQ）は八月二十三日につぎのような命令を日本の船舶に対し下したのである。

「八月二十五日の午前零時を期して一〇〇総トン以上のすべての日本船舶の航行を禁止する」

この唐突の命令によって残存する海軍各司令部や海運会社は全船舶に対し、ただちにこの指令を無線で連絡したのであった。

日本海沿岸を航行中の「浮島丸」はこれを受信し、八月二十五日の午前零時までに釜山港への到着は無理と判断し、途中の舞鶴港に入港することを決め、未掃海の海域が残る舞鶴湾への進入を警戒し、舞鶴港湾管理部に対し入港に際しての掃海艇の先導を依頼したのであった。しかし当日の通信状況が悪く、この依頼を舞鶴港湾管理部が確認しているか否かは不明のままであった。

「浮島丸」は八月二十四日に舞鶴湾口に到着したが、先導してくれるはずの掃海艇の姿は見受けられなかった。このために「浮島丸」は可能な限り舞鶴湾東部の海岸に沿って港に接近していった。

ところがその最中に「浮島丸」の船体の真下で大きな爆発が起きたのであった。恐れていた未掃海機雷の爆発である。九〇〇キロの機雷の爆発力は強力で、「浮島丸」は一瞬、船体が持ち上がるような衝撃を受けると、船底の外板がたちまち破壊され急速に浸水が始まったのであった。

このとき「浮島丸」の船上では万が一の危険に備え、その際にはただちに脱出できるように乗組員を含めた乗船者を甲板に上がらせていたのである。「浮島丸」の船底の破壊による沈下は急速で、船体はたちまち沈んだのである。多くの乗船者はすぐに海に飛び込むことが可能であったために、彼らは自力で至近の海岸に泳ぎ着くことができた。しかし乗船していた朝鮮人労働者五二四名と乗組員二五名が逃げ遅れて犠牲となったのであった。

この事件はその後大きな問題が持ち上がったのである。終戦後に建国された大韓民国側からこの事件に対し訴訟が起きたのであった。その内容は「浮島丸の沈没は日本側が朝鮮人の帰国を阻止するために故意に沈めたものであり、犠牲者に対する慰謝料を求める」というものであった。また韓国犠牲者側は一九九二年（昭和六十二年）に、再度正式に日本に対し「本事件は日本政府の安全管理義務違反であり、国家賠償請求を行なう」として事件を蒸し返したのであった。しかし二〇〇三年（平成十五年）五月、浮島丸沈没事件は「機雷の爆発によることが当時の状況から明らか」として最高裁は訴えを棄却したのであった。

終戦直後の不法攻撃で撃沈された三隻の日本船舶

一九四五年八月九日、それまで相互不可侵条約が結ばれていたソ連が突如、満州と樺太の日本領土に大規模な侵攻作戦を展開したのだ。満州では数ヵ所の国境線を突破し、歩兵と戦車部隊、そして航空機が侵攻してきたのであった。一方樺太でも八月十一日にソ連陸軍が日ソ国境線を突破して侵攻を開始し、同時に樺太西海岸では海上からも陸軍部隊の上陸作戦が開始されたのであった。

当時の樺太の日本軍守備隊の戦力は、主力の多くが南方戦線に派遣されていたために、小規模の部隊が留守部隊として駐屯しているだけであった。

日本陸軍部隊は劣勢のまま後退の一途を続け、同時に樺太の邦人居住者たちは取るものもとりあえず陸続と南部へと逃避行を続けた。しかし八月十五日の停戦に至ってもソ連軍の攻撃侵攻は続き、停戦により武装を解除した日本陸軍守備隊も、やむを得ず再び武器をとり応戦する状況であった。

この間にも民間人の集団は樺太から脱出するために、樺太南部の主要港である大泊（現、コルサコフ）に集結していた。

日本政府は民間船舶の統括機関である船舶運営会と海軍に対し、民間人居住者たちを一刻でも早く樺太から退避させるために、即刻可動船舶（武装解除した艦艇も含む）を大湊港に派遣することを命じたのである。

政府は国有鉄道の稚泊航路の連絡船「亜庭丸」と「宗谷丸」を派遣、さらに周辺海域で任務中の逓信省の海底電線敷設船「小笠原丸」を急派した。また海軍は大湊警備府所属の特設砲艦兼敷設艦の「第二新興丸」（前出）「千歳丸」を、船舶運営会は最寄り海域で行動中の「泰東丸」を送ったのである。

八月二十日の早朝四時半頃、すでに背後で銃声が迫るなか、第一船の「小笠原丸」は一五〇〇名の避難民と乗組員を乗せて大泊港を出港し北海道の稚内に向かった。続いて第二船の「第二新興丸」が避難民と乗員合計三四〇〇名を乗せて大泊港を出港した。さらに第三船として「泰東丸」が乗組員と避難民七八〇名を乗せて出港した。

「小笠原丸」は一九〇六年（明治三十九年）に日本で初めて建造された海底電線敷設船で、総トン数一四五六トンの小型船であった。本船には客室などはなく大勢の乗船者は海底電線の倉庫などの空所にかろうじて収容され、約九時間の行程で稚内に向かったのである。

「第二新興丸」は一九三九年に建造された総トン数二五七七トン、最高速力一三ノットの中型貨物船であった。この船は第一次戦時標準船の1C型に該当するが、戦時標準設計とはいいながら平時建造の優秀貨物船である。「第二新興丸」は太平洋戦争勃発直前に海軍に徴用され、この時点ではまだ武装解除はしていなかった。そして避難民の多くは船体前後の船倉の第二甲板に満員状態で収まり、北海道に向かった。

「泰東丸」は第二次戦時標準船の2E型に該当し、総トン数八七三トンの船尾機関式の低速の小型貨物船であった。本船の船倉の船底には、避難民の当座の食料とすべく大泊港の倉庫に保管されていた大量の備蓄米を積み込み、それを船底に床代わりにして七〇〇名以上の避難民を乗船させたのであった。

第一船の「小笠原丸」は出港当日の夜に稚内港に到着し避難民を降ろしたが、多数の避難

小笠原丸

民の鉄道側の受け入れが困難になるために、九〇〇名だけを降ろして残る六〇〇名と乗組員一〇〇名の合計七〇〇名はそのまま小樽へ向かったのであった。

一方「第二新興丸」と「泰東丸」は稚内からの鉄道輸送の混雑を考慮し、直接小樽に向かうことになった。

「小笠原丸」は北海道の日本海側の海岸に接近しながら小樽に向けて南下していた。ところが八月二十二日の午前四時二十分頃、同船が北海道西部の留萌港の南の増毛村沖約九キロにさしかかったとき、突然、雷撃されたのであった。魚雷一本が「小笠原丸」の右舷に命中爆発、小型の同船は急速に沈没したのである。

この光景は目撃されていたのだ。当時、増毛村の海岸には海上監視所があり、まだ監視体制は機能していたのであった。「小笠原丸」の雷撃撃沈の様子は監視員に目撃されていた。

監視所からの連絡により、増毛村からはただちに小型漁船多数が現場海域に送り出され、遭難者の救助が開始された。しかし助けられた乗船者は避難民と乗組員わずかに六二名に過ぎなかったのである。乗船者六三八名が犠牲になったのである。このとき「小笠原丸」を雷撃したのはソ連潜水艦L19であることが後に判明している。「小笠原丸」が雷撃されたのとほぼ同時刻、留萌港沖を小樽港に向けて南下していた「第二新興丸」の船首側第二船倉右舷に魚雷一本が命中し爆発したのである。その直後「第二新興丸」の右舷数百メートルの方向に潜水艦が浮上し、本船に向けて砲撃を開始したのであった。

これに対し、まだ武装解除をしていなかった「第二新興丸」はただちに二門の砲と多数の機銃で応戦を開始したのである。この激しい砲撃で正体不明の潜水艦はたちまち潜没し姿を消したのであった。

浸水はしたが沈没をまぬかれた「第二新興丸」は留萌港に向かい、無事に同港に着岸した。この雷撃で犠牲になった乗船者の数は三〇〇名とも三五〇名とも伝えられているが、正確な数は不明となっている。

悲劇はさらに続いた。七八〇名の避難民と乗組員を乗せて小樽に向かっていた「泰東丸」も潜水艦に遭遇したのだ。

八月二十二日の午前十時頃、「泰東丸」が留萌港沖（小平（おびら）村沖合）にさしかかったとき、突然、右舷方向に一隻の潜水艦が浮上し、本船に向けて砲撃を開始したのである。その位置からみて「第二新興丸」を雷撃・砲撃した潜水艦と同一艦と思われた。「泰東丸」には複数の砲弾が命中し爆発、その一発は機関室で炸裂し、同船は停止して沈み始めたのであった。「泰東丸」の惨状は目撃されており、小平村などから小型漁船が現場海域に漕ぎつけ生存者の救出が始まったが、救助された避難民と同船の乗組員は一一三名で、残る六六七名は犠牲となったのであった。

八月二十二日朝の惨劇で、三隻の船の犠牲者は少なくとも一六〇〇名におよぶことになったのである。

「第二新興丸」は、その後修理され、関西汽船社など数社の海運会社で手ごろな国内航路用の貨物船として重宝された。最後にはパナマの海運会社に転売されて一九九〇年（平成二年）頃まで現役貨物船として運用されていた。日本の戦時標準設計船としては船齢じつに五〇年を超す異例の長寿の商船として、本船は記録されるべき船なのである。

沈没フランス客船「帝立丸」の復旧

第二次世界大戦が勃発した当時、フランス領インドシナ（仏印。現、ベトナム、ラオス、カンボジアなど）は同地域管理統括のフランス政府直属の総督により運営管理されていた。そしてフランスがドイツに侵攻され親ドイツのヴィシー政府が成立すると、フランス領インドシナもヴィシー政府直轄運営となり、その後の日本軍の進駐も受け入れられたのである。

戦争が始まったとき仏領インドシナ諸港には多数のフランス商船が在泊しており、これら商船は帰国のすべを失い全船がそのまま留まることになったのであった。そして太平洋戦争が勃発すると、ヴィシー政府系の仏印総督府と日本との間でこれら在泊船舶に関し、日本が商船をフランスから傭船するという協定が結ばれた。ただしこの傭船協定の中には、みだりに船内の改造などは行なってはならない、という条件が含まれていたのである。

この条件はその後、とくに客船に関しては日本側にとっては困惑の種となったのである。フランスの客船の多くに共通していることは船内の船室配置が複雑で、軍隊輸送船として運用する場合には効率的な将兵の居住区域の準備が行ない難いという欠点となったのである。これは危険な事態に遭遇した場合には、多数の乗船者のすみやかな退避が困難となる可能性があった。事実、その危惧が現実となった事例が発生しているのである。

仏印の諸港に在泊していたフランス商船は一一隻（八万五八〇〇総トン）であった。日本はこれら傭船したフランス商船の運航を日本の各商船会社に委託したのである。なお日本はこれらフランス船籍の商船ばかりでなく、他にも戦争勃発直後に東南アジア諸港で傘下におさめた中型以上の外国船籍の商船の総数は二三隻に上っており、これらも各海運会社で運航することになっていた。日本はこれら外国徴用および接収船舶の船名をすべて日本名に変えたが、運航を国策会社の帝国船舶社に託した関係上、すべての船名の頭文字には「帝」の字が付されることになった。

ちなみにフランスから徴用した三隻の大型客船については、最大の客船アラミスは「帝亜丸」、ダルタニアンは「帝興丸」とされた。またここで紹介する「帝立丸」の元の船名はルコント・デ・リル（LECONTE DE LISLE）であった。

客船アラミス

「帝立丸」はアラミスやダルタニアンと同じく、フランスと仏印間になかば独占的な航路を持っていたＭＭライン社（Messageries Maritimes）の持ち船であった。

本船は一九二二年（大正十一年）建造の総トン数九八七七トンの貨客船で、レシプロ機関駆動の最高速力は一六ノットであった。細長い一本煙突を持つ、同時代建造の客船としては極めて古風な外観で、およそフランス商船らしからぬスタイルの船であった。

本船の旅客定員は一等八五名、二等三六名、三等四七名で、これ以外に移民客四七八名を収容する二段式ベッドを配置した大部屋が船首上甲板以下に三層の甲板に配置されていた。この移民客用のベッドは、植民地守備隊将兵の輸送時にも使われることになっていた。

本船は完成直後にスエズ運河経由のフランス領マダガスカル島航路用に配船されていたが、その後、仏印航路に転用されていたのである。

本船の船内配置・構造はフランス客船特有の混み入った複雑

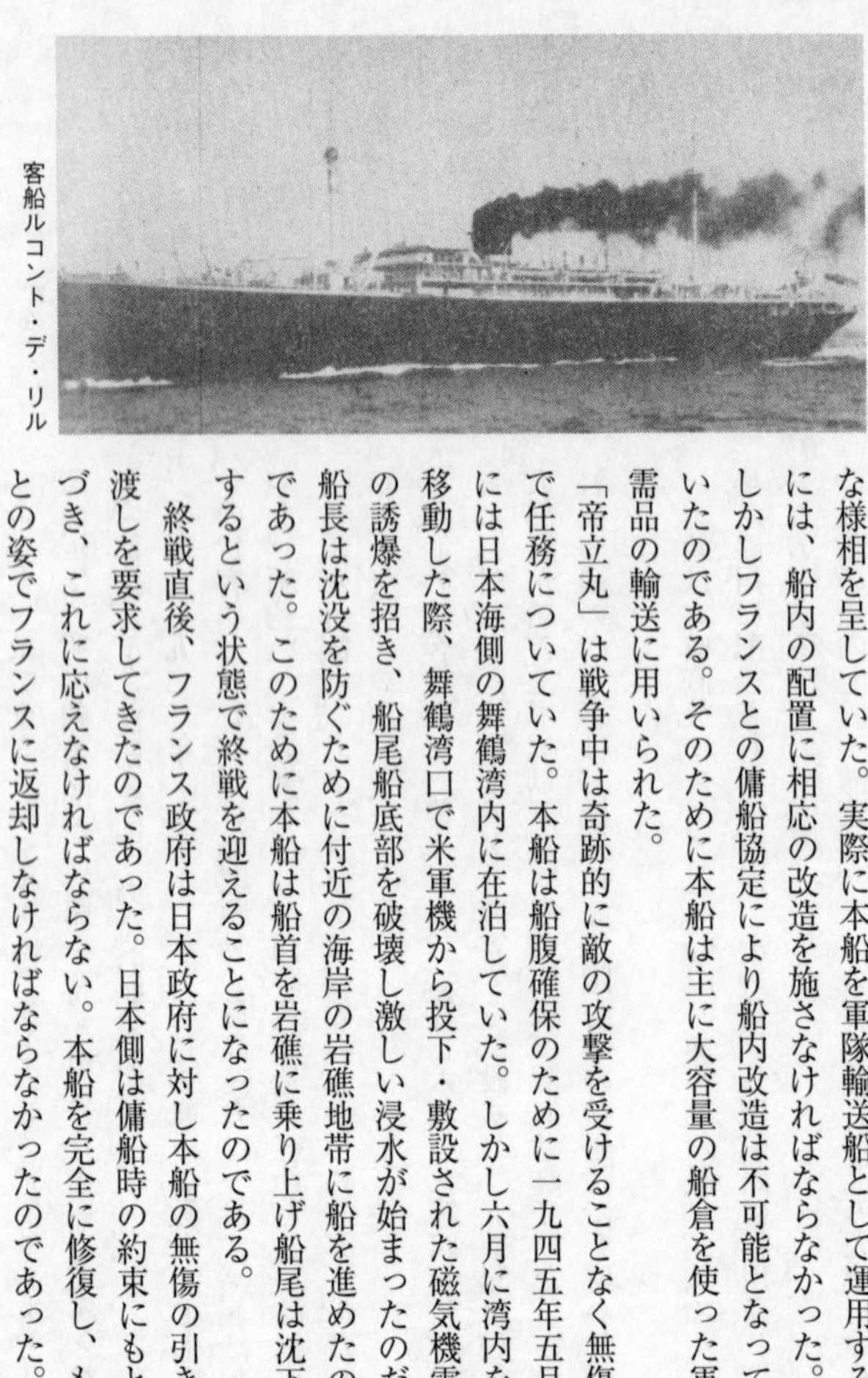
客船ルコント・デ・リル

な様相を呈していた。実際に本船を軍隊輸送船として運用するには、船内の配置に相応の改造を施さなければならなかった。しかしフランスとの傭船協定により船内改造は不可能となっていたのである。そのために本船は主に大容量の船倉を使った軍需品の輸送に用いられた。

「帝立丸」は戦争中は奇跡的に敵の攻撃を受けることなく無傷で任務についていた。本船は船腹確保のために一九四五年五月には日本海側の舞鶴湾内に在泊していた。しかし六月に湾内を移動した際、舞鶴湾口で米軍機から投下・敷設された磁気機雷の誘爆を招き、船尾船底部を破壊し激しい浸水が始まったのだ。船長は沈没を防ぐために付近の海岸の岩礁地帯に船を進めたのであった。このために本船は船首を岩礁に乗り上げ船尾は沈下するという状態で終戦を迎えることになったのである。

終戦直後、フランス政府は日本政府に対し本船の無傷の引き渡しを要求してきたのであった。日本側は傭船時の約束にもとづき、これに応えなければならない。本船を完全に修復し、もとの姿でフランスに返却しなければならなかったのであった。

「帝立丸」の復旧作業は開始されたが、岩礁に挟まった船体の浮揚は容易ではなく、一九四八年七月にようやく成功、翌月から船体と船内の修復作業が開始されたのであった。しかし船体が半没の状態のときから船内には人々が侵入し、各調度品から絨毯やカーテンにいたるまで盗まれて無残な姿となっていたのであった。

本船返却の大前提は「旧態のままでの返却」であり、紛失品の対応に関係者は当惑の極みに達していたのであった。すると「盗品者は連合軍司令部の命令により厳罰にされる」との達しが流布され、当時は泣く子も黙るとされていたGHQの命令に対し、盗難にあった家具調度類の多くが「密かに大量に返却」されてきたという、笑えない事実が生じたのであった。

その後の修復に際し、紛失や損傷の生じていた船内の装飾や家具調度類については純日本製品に置き換えることが許可され、修復工事は一九五〇年十二月に完了し、その直後に本船は無事にフランス政府に引き渡されたのである。

フランスのMM社に返却された本船が、その後どのような活躍をしたのかは不明であるが、返却から六年後の一九五六年には解体されている。旧式なレシプロ機関の大型貨客船はすでに時代遅れの産物となっていたのである。

小型客船「珠丸」沈没事件

この事件は終戦直後の混乱時期に発生した悲劇的な出来事である。かろうじて戦禍を逃れた小型ながら既存の客船が、未掃海の機雷の爆発で沈没したのである。当時は機雷の爆発による船舶の事故は後を絶たなかったが、これはその中でも犠牲者の多さでは群を抜いた悲劇となったのである。

米軍は太平洋戦争末期の一九四五年四月以降、飢餓作戦によってB29爆撃機から一万一〇〇〇個という大量の機雷を日本沿岸に投下したのであった。投下地点は太平洋側は大阪湾から関門海峡にいたる瀬戸内海、日本海側は舞鶴湾、敦賀湾、七尾湾、新潟港周辺海域に集中し、一部は対馬海峡に位置する対馬沿岸や朝鮮半島の東部港湾地帯にまでおよんだのである。

投下された機雷は多くが重量九〇〇キロの磁気・音響感応式の浅海への沈底機雷で、直近海面を航行する船舶に対し、鋼鉄船体が発する磁気に反応し、さらにスクリューや機関音に反応して爆発するのである。この種の機雷は掃海が困難を極めるだけに被害が拡大したのであった。

総トン数八〇〇トンの「珠丸」は九州郵船社が保有する客船で、博多と対馬間を往復する「対馬の足」として貴重な存在の船であった。本船は戦争末期には敵潜水艦の活発な活動海域であった対馬海峡の往復を奇跡的にこなし、終戦時は無事に残存していたのであった。

一九四五年十月七日、「珠丸」は朝鮮の釜山港から邦人引揚者三二一名を乗せて、途中寄港地の対馬比田勝港に到着したが、翌日の深夜午前二時に同港を出港し対馬南島の厳原港へ向かった。厳原港に入港した「珠丸」はおりからの台風接近により同港に十四日まで留まることになったのであった。

そして「珠丸」は十四日の午前六時過ぎに厳原港を出港し、博多へ向かったのである。本船が厳原港に停泊中にさらに多くの乗客が本船に乗船したのだ。正式（正規の乗船券の発売枚数）には三七七名が新たに本船に乗船したことにはなっているが、実際にはさらに多くの乗船者があったのである。厳原港では本船に多くの「ヤミ乗船券」や「無賃乗船」の乗船者がいたことが判明しているのだが、その実態の確認はできていなかったのである。

「珠丸」が厳原港を出港したときの正式の乗船者数は乗組員を加え七二六名とされているが、実際の乗船者は優に一〇〇〇名は超えていたとされているのである。当時の厳原港や比田勝港には朝鮮からの引揚者があふれており、何としても日本に早く帰国したいと思う人々で溢れかえっていたのである。したがって多数のヤミ・不正乗船者が存在していても不思議ではなかったのであった。

「珠丸」は厳原港を出港し博多港に向かっていたが、対馬の南島の沖合に達したとき、突然、船底で爆発が生じ、小型の本船は短時間で沈没してしまったのであった。機雷の爆発であることは確かであった。この海域は日本海軍が敷設した機雷や米軍が空中投下した機雷が混在している海域で、どちらが爆発したのかはまったく不明であった。

この遭難事件による生存者は一八五名とされ、犠牲者の数は正規の乗船者から逆算され五四一名とされている。しかし実際の犠牲者数は八〇〇名を大きく超えていると推測されているのである。しかし終戦直後の混乱期の事件であるために、その実態は永遠に不明のままとなるであろう。

「珠丸」の遭難事件は戦後の日本で起きた海難事故としては、その犠牲者の数では一九五四年九月二十六日に起きた青函連絡船「洞爺丸」の台風の余波による転覆事故（犠牲者一一五〇名以上）に次ぐものである。しかし「珠丸」以外にも小型客船の未掃海機雷の爆発による事故は起きているのである。珠丸事故に次ぐものとしては一九四五年十月七日、神戸港を出港した直後の関西汽船の小型客船「室戸丸」（総トン数一二五三トン）が、未掃海の機雷の爆発で沈没し、乗客と乗組員合計三五五名が犠牲になるという事故が起きているのである。

日本沿岸に投下された機雷による船舶の沈没・損傷事故は一九五〇年代初期まで続き、生き残りの既存の商船が受けた損害は決して無視できるものではなかったのだ。

貨物船「辰和丸」行方不明事件

「辰和丸」（前出）は辰馬汽船社が建造した「辰和丸」級貨物船四隻の第一船で、一九三八年二月に竣工した。本船は総トン数六三三五トン、貨物搭載量七九〇〇トン、最大出力四五〇〇馬力のタービン機関により最高速力一七・八ノットを発揮する高速貨物船であった。

本船は台湾と日本を結ぶ定期貨物航路に配船されたが、貨物倉にはバナナ専用の設備があり、当時日本国内で大量に消費されていた台湾バナナの主力輸送船として活躍することになったのである。

　本船は一九四〇年に海軍に徴用され、特設運送船として運用されることになった。太平洋戦争中は日本と内南洋やソロモン諸島、蘭印方面への海軍陸戦隊根拠地隊への物資や将兵の輸送に活躍していた。その間に敵潜水艦の雷撃で損傷したこともあったが沈没の危険はなく、戦争末期には瀬戸内で待機状態が続いていた。

「辰和丸」は一九四五年五月、呉軍港近くで磁気機雷の爆発で船底を損傷し、浅海に沈んだのであった。そして一九四七年に本船の浮揚と改修工事が進められることが決まり、早速浮揚作業が開始され、一九五〇年八月に完全に復旧したのである。

　その後、「辰和丸」は姉妹船の「辰宮丸」「辰春丸」とともに北米からの木材の輸入やビルマ・タイ方面からの米の輸送に、残存貨物船の主力として活躍を続けていた。そして、その最中の一九五四年五月、本船はビルマから米を満載して日本へ向かう途中、南シナ海で行方不明となったのであった。

　五月五日、米空軍の気象観測機によれば、フィリピンの東方洋上に弱い熱帯性低気圧の発生が確認されていた。しかし五日後の五月十日、この熱帯性低気圧は強力な台風（台風三号）に発達していることが観測されたのである。観測された中心気圧は九三〇ミリバール（現表記、ヘクトパスカル）であった。

　同日の午前九時四十五分、船主である新日本汽船社の本社に「辰和丸」から緊急無線が入電した。「本船の船首第一、第二、第三、および船尾の第七ハッチのハッチカバーが破壊され、船倉に海水が流入中」という緊急無電連絡であった。そしてこの連絡を最後に「辰和丸」からの通信は途絶えたのである。無電を発信した位置は南シナ海の西沙諸島の東南約二五〇キロであった。

「辰和丸」の遭難が新聞などで報じられると、多くの報道陣はこのときから六八年前に起きた、南シナ海での日本海軍の巡洋艦「畝傍」の行方不明事件と重ね合わせたのである。これはフランスから回航途中の新造巡洋艦「畝傍」がほぼ同一海域で行方不明となった大事件で、当時の日本中を騒がせたのであった。

巡洋艦「畝傍」は日本がフランスに発注し建造した巡洋艦であった。基準排水量三六一五トン、最高速力一八・五ノットの本艦はフランスで建造され、一八八六年（明治十九年）十月に完成し、日本に回航されることになったのである。

本艦の武装は小型艦でありながら、二四センチ単装砲四門、一五センチ単装砲七門、三六センチ魚雷発射管四基を備え、船体上部の装甲は六・二センチから一二・五センチという重装甲で、復元性に問題があるトップヘビーの傾向がみられた。

「畝傍」は十月下旬にル・アーブル港を出港しスエズ運河経由で日本に向かったが、このとき同艦にはフランス海軍の回航員七〇名と日本海軍の回航要員、さらに日本駐在のフランス人家族など二十数名が乗艦していた。

そして同艦が十二月三日にシンガポール港を出港した後から、一切の連絡が途絶えたのである。当時は陸上基地間の無線通信は開発ずみで、シンガポールからの出港の連絡も日本海軍に無電連絡が入っていたのであった。しかしまだ船舶無線は未完成であり、航行中の船舶の動静を知ることは不可能だったのである。

日本海軍は到着予定日を過ぎても日本に到着しない巡洋艦「畝傍」について、予定日を大幅に過ぎたころから同艦に何らかの不測の事態が起きたものと判断した。そして海軍艦艇や民間船舶を動員し、日本からシンガポールにいたる予想航路上の大捜索が始まったのであった。しかし、その存在を示す一片の破片も発見されず、巡洋艦「畝傍」は消息不明、航海の途中で遭難したものと断定されたのであった。

この事例があったがために、貨物船「辰和丸」の行方不明事件はその後も多くの憶測が生まれる事件となったのであった。しかし現実には台風の激浪のために海水が大半の船倉内に侵入し、浮力を失った「辰和丸」は乗組員の脱出もままならない間に急速に沈没したものと断定されたのであった。

残存駆潜特務艇の掃海

すでに前章で述べたように、日本海軍は太平洋戦争中に局地における対潜水艦活動をきめ細かく実行するための艦艇として、駆潜特務艇という木造の小型艇を量産し、日本国内の要地はもとより南方各地でこれを運用した。駆潜特務艇の構想はすでに一九三九年に提案されており、一九四一年度の増艦計画には盛り込まれ、順次量産が開始されたのである。

駆潜特務艇は全木製の小型船体で、基地周辺の海域の対潜活動を展開するように設計されていた。船体は全長二九・二メートル、全幅五・六五メートルで、その外観はスマートな漁船型をしていた。主機関は最大出力四〇〇馬力のディーゼル機関一基で、一軸推進での最高速力は計画では一一ノットであった（実際には九乃至一〇ノット）。

武装は一三ミリまたは二五ミリ単装機銃一梃、あるいは二梃で、後部甲板には爆雷投下軌条が二本配置され、標準的には九三式爆雷（ドラム缶型）二〇個を搭載した。潜水艦の探知装置としては初期の段階では垂下式水中聴音器一基を搭載したが、一九四三年後半以降からはアクティブ探知装置として水中探信儀が装備された。

本艇の特徴は低速ながら小回りが利き、全木製であるために磁気機雷には感応せず、局地の対潜活動にはうってつけの特務艇であったのである。

本艇は戦時中に全国の木造船船造船所を動員し合計二〇三隻が建造されたが、八〇隻が戦没している。本艇はその使い勝手の良さから近距離の船団護衛に運用される機会も多く、ときにはパラオ諸島からニューギニア北岸のウエワクやホーランディア方面に向かう、片道一〇〇〇キロ以上の行程の船団護衛にも使われたことがあった。

終戦当時一二三隻の駆潜特務艇が残存していたが、この中の多くが破棄、または売却され、その後漁船に転用された。残る五三隻が終戦直後に新設された組織の中で掃海任務につき、四隻が中国とイギリスに引き渡されている。

一九四五年四月以降終戦まで、米軍は日本の主に西日本方面の港湾や瀬戸内海一帯にB29爆撃機で機雷を投下し敷設したのである。これら機雷は大型高性能の磁気・音響感知式の機雷で、掃海には多大な労力を必要としたのである。敷設された機雷の幾分かは終戦時にはすでに日本海軍の手で掃海されていたが、まだその大半が作動状態で沈設されていたのであった。

一九四五年九月、まだ解体されていない日本海軍は占領軍の命令によりこれら多数の機雷の掃海を開始することになったのである。政府はその手段として九月に残存していた海軍軍務局中に掃海業務を担当する掃海部を設置、海軍軍人一万名を募り即刻掃海作業を行なったのである。応募した海軍軍人の中には多くの掃海経験者が存在したことは幸運であった。掃海部は数の多い駆潜特務艇や哨戒特務艇など合計三四八隻を駆使し、掃海作業を展開したのであった。

十二月の海軍省の廃止にともない、掃海部は新たに設けられた第二復員局の業務となり引き継がれた。掃海については一九四八年までには大半が処理されていたが、まだ残存機雷は存在し、引き続き作業は実施されていたのである。

一九四八年一月には第二復員局は復員庁に変更されていたが、復員庁の掃海業務は新設の

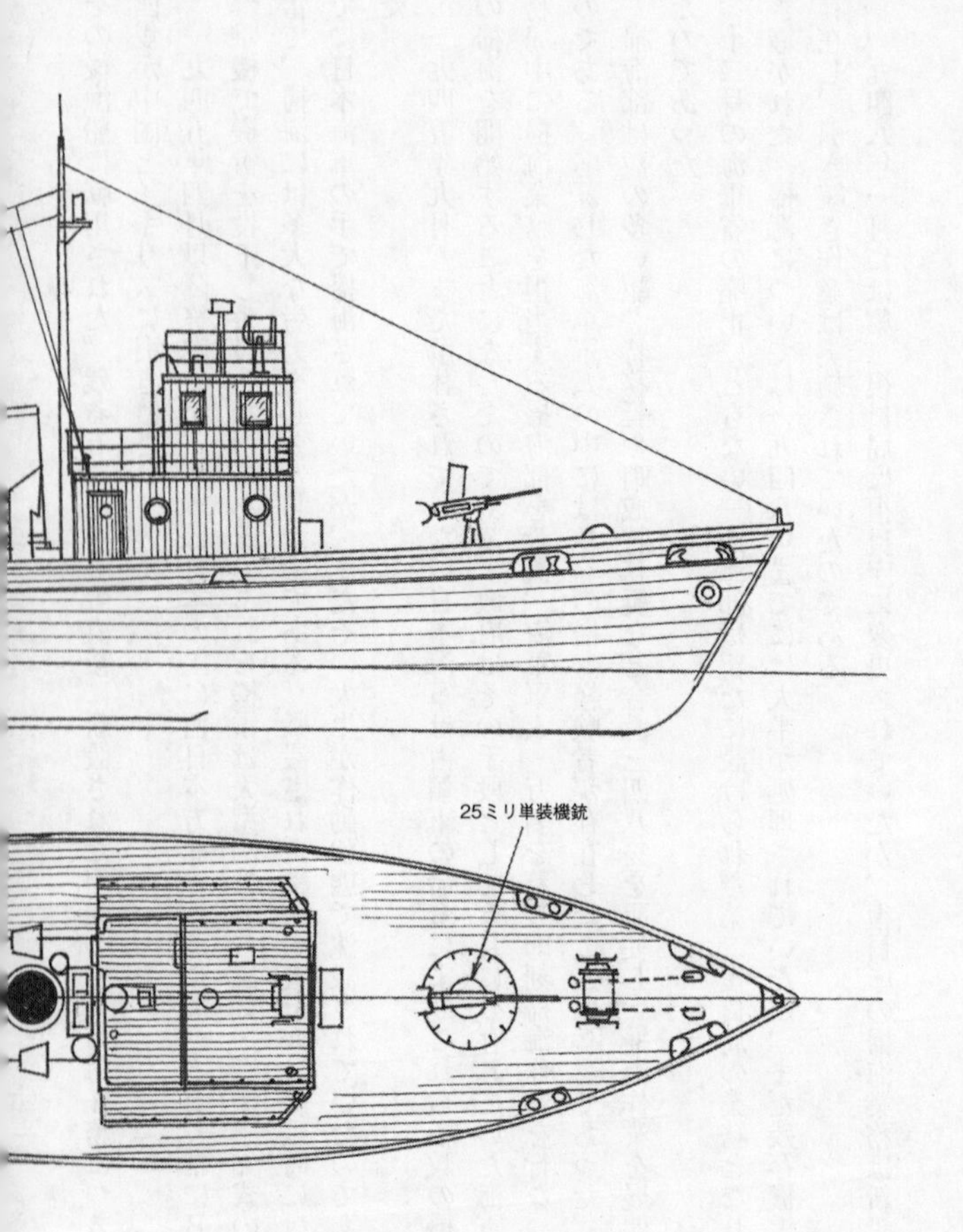
25ミリ単装機銃

駆潜特務艇

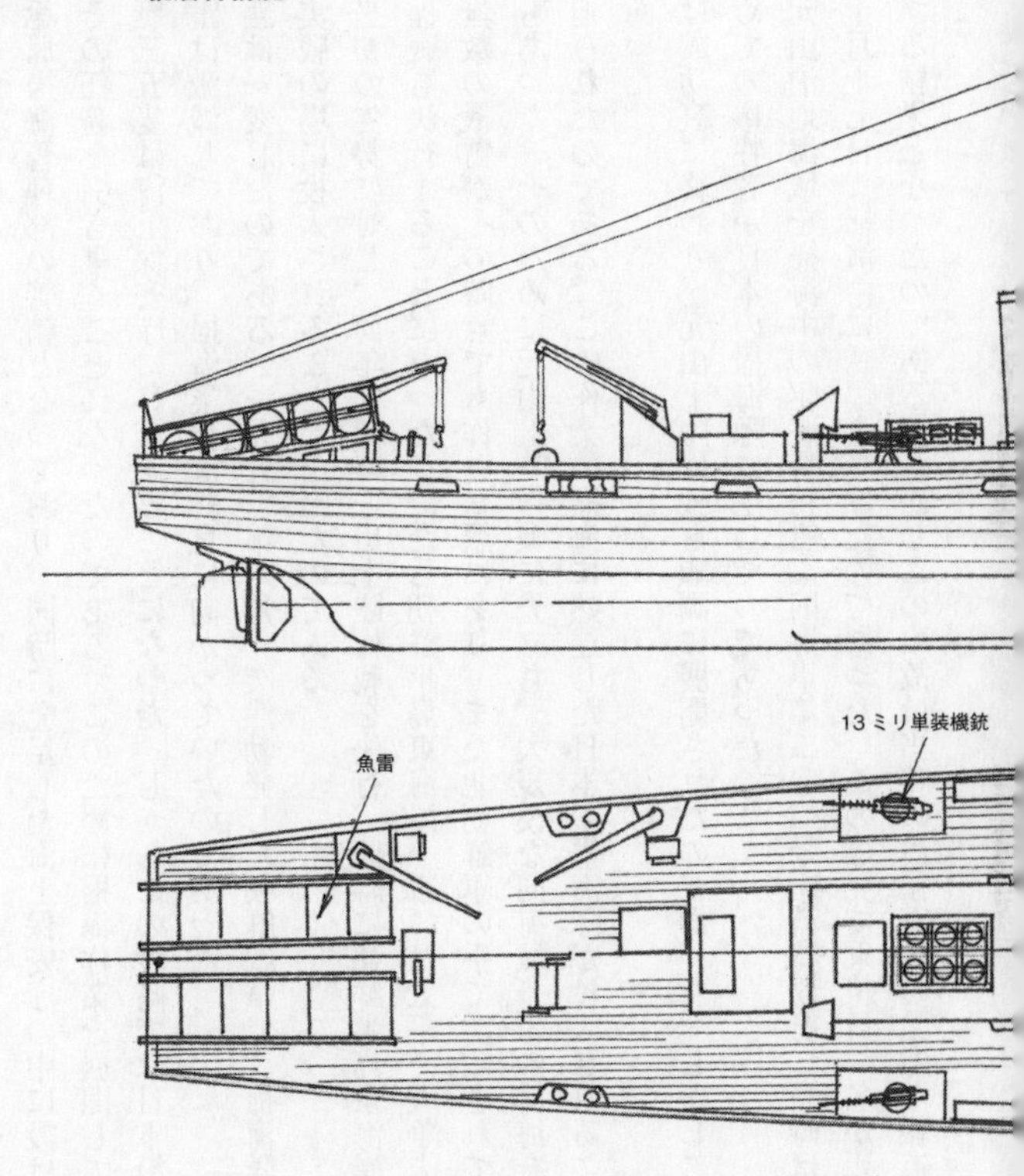

運輸省海運総局掃海管理部の管轄となっており、同時に発足した海上保安庁の中に設けられた掃海課がその任務を引き継ぐことになったのである。このために掃海作業を展開していた元駆潜特務艇三五隻は海上保安庁に移籍することになった。しかしこの段階では日本沿岸の未掃海の機雷は激減しており、掃海業務は終息に向かっていたのであった。

しかし事態は一変したのである。一九五〇年六月、突然勃発した朝鮮戦争で、掃海隊は非公式ながら実戦の場に投入されることになったのである。

国連軍は当初の劣勢に対し、同年九月に仁川上陸作戦を決行、同時に朝鮮半島東海岸の元山への上陸作戦も決行することになった。ただし朝鮮半島東海岸一帯には太平洋戦争末期に投下された無数の機雷がその時点でも作動状態にあり、また北朝鮮軍の手で沈設されている機雷の危惧もあった。そのために元山上陸作戦に先立ち、大規模な同海域一帯の掃海を展開する必要に迫られたのである。この作業に掃海に熟達した日本の掃海隊が投入されることになったのであった。

掃海作業は成功裏に終わり、元山上陸作戦も順調に展開されたのであった。しかしこの掃海で戦後初めての犠牲者が日本の掃海隊に生じたのであった。

輸送船の元山泊地海域を掃海中の駆潜特務艇（旧海軍第二〇二号駆潜特務艇、当時は掃海艇14号）が十月十七日、掃海中に誘爆を受けたのであった。この爆発で乗組員一名が死亡し、数名が負傷する結果となったのである。しかしこの事故は当時の占領軍側の強力な報道管制の下で一般に報じられることはなく、埋没されてしまったのであった。

なお一九五二年に創設された保安庁傘下の海上警備隊（後の海上自衛隊）に、海上保安庁所属の駆潜特務艇三五隻中の二五隻が移管され、同隊の駆潜艇や雑役艇として運用されることになったのである。そして海上保安庁に残された元駆潜特務艇は海上保安庁の各管区で巡視艇として一九六〇年代まで運用されていたのであった。

損傷軍艦のその後

終戦時、日本海軍には敵航空機の攻撃で損傷し、大破、中破状態、あるいはなかば沈座した状態で残存した軍艦が多数存在した。また未完成で残存する複数の航空母艦も存在した。これらの軍艦はその後どのようになったのか、つぎに紹介したい。

戦艦「日向」

戦艦「日向」は一九四四年（昭和十九年）十月二十五日、フィリピン・ルソン島東北のエンガノ岬沖海戦で米艦載機多数の攻撃を受けたが損傷はなく、十月二十九日に日本に帰還している。その後本艦が実戦の場に投入されることはなかったが、同年十一月九日、北号作戦により姉妹艦「伊勢」とともにシンガポールに派遣された。輸送船が壊滅状態にあるなか、本艦の航空機格納庫を利用し南方の貴重資源（生ゴム、錫、石油など）を搭載して日本に持

戦艦日向

ち帰る目的であったが、一九四五年二月十日、無事に呉に帰投し、二隻の航空戦艦はこの任務に成功している。

その後、「日向」は呉港にとどまり、三月十九日の米機動部隊艦載機の空襲で直撃弾をうけた。そして呉港外の情島沖で防空砲台として活用されていたが、七月二十四日の呉方面に対する大規模空襲の際、大小の直撃弾二三発をうけ浸水、付近の海岸に着底したのである。

「日向」はこの攻撃で艦尾の飛行甲板や艦橋、および船体中央部が大きく破壊されたまま終戦を迎えたのであった。

その後一九四六年七月より解体作業が開始されたが、重量のある本艦の浮揚作業は容易ではなく、解体が完了したのは翌一九四七年七月であった。

戦艦「伊勢」

戦艦「日向」とともに航空戦艦に改造された「伊勢」は、エンガノ岬沖海戦に参戦し無数の敵の攻撃を受けたが、「日向」と同じく直撃弾をうけることはなかった。しかし

戦艦伊勢

多数の至近弾によりバルジに破口が生じ浸水、船体に幾分の傾斜は生じたが無事に日本に生還することができた。

その後、本艦は「日向」とともに北号作戦に投入されたが、無事に任務を果たして貴重な物資を日本に持ち帰っている。

一九四五年三月十九日の呉方面への敵艦載機の空襲に際し、直撃弾二発をうけた。幸いにも大きな損害にはならず、その後「日向」とともに多数の高角砲や機銃を活かし、浮かぶ防空砲台として存続することになった。しかし七月二十四日と二十八日の米艦載機の集中攻撃で直撃弾一一発をうけ、艦は右舷に一五度傾き倉橋島付近に着底したのであった。

その後、終戦翌年の一九四六年十月に浮揚作業が開始され、一九四七年七月に解体作業は終了したのである。

航空母艦「龍鳳」

潜水母艦「大鯨」を改造した軽空母「龍鳳」は、一九四

空母龍鳳

四年六月のマリアナ沖海戦で至近弾により軽微な損害は受けたが、航行には支障はなかった。その後は実戦に投入される機会もなく、台湾などへの航空機の輸送などに使われていたが、瀬戸内で待機状態が続いた。

一九四五年三月十九日の呉方面への米海軍機動部隊の大規模空襲に際し、「龍鳳」は一〇〇〇ポンド（四五四キロ）爆弾三発の直撃をうけ、格納庫後部を含め飛行甲板後部が大きく破壊されたが沈没はまぬかれ、主機関にも大きな損傷はなかった。

終戦後の調査の結果、本艦は航行可能であり、外地抑留の将兵の帰還輸送に用いられる予定であったが、船体の損傷の程度から遠距離の航行に不安があり見送りとなった。以後、瀬戸内に係留放置される状態になった。そして一九四六年四月から本艦の解体工事が始まり、同年九月までに終了した。

航空母艦「天城」

空母天城

ミッドウェー海戦後の空母陣の緊急建造計画にもとづき、追加建造された「雲龍」型航空母艦の二番艦が「天城」で、一九四四年八月に竣工した。完成後ただちに第一航空戦隊に編入されたが、搭載すべき航空機も充足せず瀬戸内に回航され繋留状態が続いていた。

一九四五年三月十九日、四月二十日、七月二十四日、二十八日の呉方面に対する米機動部隊艦載機の大規模空襲に際し、「天城」は飛行甲板に三発の直撃弾をうけ、さらに多数の至近弾の爆発で船底に破口が生じ、浸水のために呉港外の三ツ子島海岸付近に着底した。結局、航空母艦「天城」は完成はしたものの何ら活躍することなく終わったのであった。

「天城」の解体工事は同年十二月から開始されたが、傾斜し着底した艦を水平にもどすのに困難を極めて多大な時間を要し、海軍工廠のドックで解体が終了したのは一九四七年十二月になっていた。

なお本艦の全長二二〇メートル、全幅二四メートルの切

空母笠置

断された艦底部分は、函館ドックの修理用の浮桟橋として使うことになり、函館港まで曳航され青函連絡船の修理用桟橋として用いられていたが、その後解体された。

航空母艦「笠置」

「笠置」は「雲龍」型航空母艦の四番艦として一九四三年四月に三菱造船長崎造船所で起工された。公試排水量二万一二〇〇トン、航空機搭載量五七機の本艦が進水したのは翌年十月であった。このときの本艦の状態は格納庫も飛行甲板も完成し、全工程の八四パーセントの状況にあった。

「笠置」の就航は一九四五年六月の予定となっていたが、当時は鋼材や人員の絶対的な不足で作業は進まず、さらに戦局は本艦の必要性を否定する状況にあり、工事のそれ以上の進捗は中止することが決定したのであった。そして未完成の本艦は佐世保湾に曳航されそのまま放置されたのである。

終戦当時、「笠置」は損傷もなく残存していたが、一九

空母阿蘇

四六年九月より解体工事が始まり、翌年十二月に終了した。

航空母艦「阿蘇」

「阿蘇」は「雲龍」型航空母艦の五番艦として一九四三年六月に呉海軍工廠で起工され、一九四四年十一月に進水した。このときの進捗度は上甲板までの完成状態であり、格納庫や飛行甲板は未工事であった。つまり上部構造物がない上甲板までの基本船体のみの状態となっていたのである。

本艦については「笠置」と同じく、資材や作業員の絶対的な不足、当時の戦況が空母の必要性を否定する終末状況にあり、工事の中止が決まったのであった。

瀬戸内に放置された「阿蘇」の船体は、その後、陸軍が開発した特攻機用の特殊爆弾（桜弾）の実験用標的艦として使われたのであった。この実験で同爆弾の舷側貫通力は確認されたが、目的の艦底の破壊までにはいたらなかった。しかしこのときに生じた艦底の亀裂からの浸水によって、船体は現場の浅海に上甲板から上を海面に出した状態で着

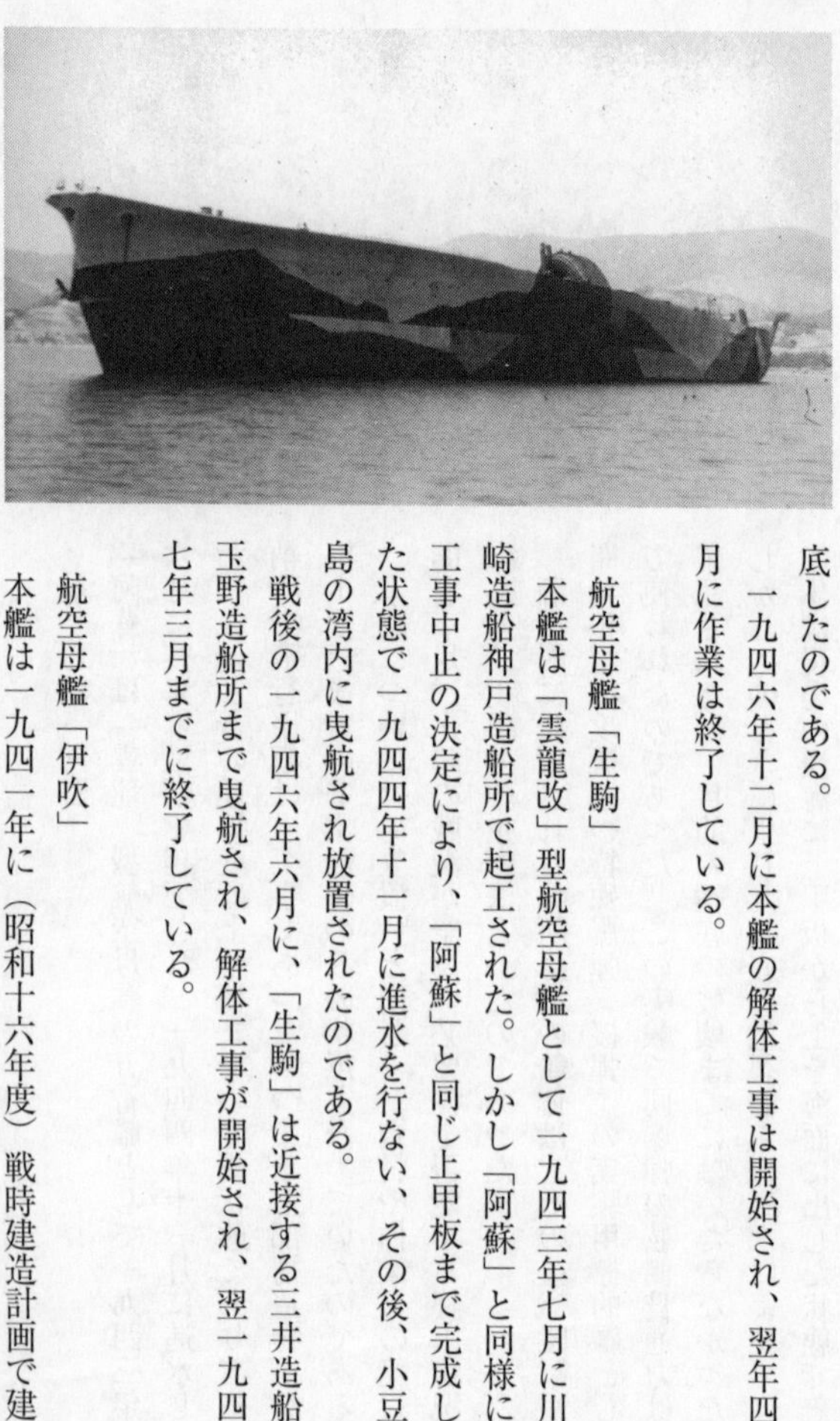

空母生駒

底したのである。

一九四六年十二月に本艦の解体工事は開始され、翌年四月に作業は終了している。

航空母艦「生駒」

本艦は「雲龍改」型航空母艦として一九四三年七月に川崎造船神戸造船所で起工された。しかし「阿蘇」と同様に工事中止の決定により、「阿蘇」と同じ上甲板まで完成した状態で一九四四年十一月に進水を行ない、その後、小豆島の湾内に曳航され放置されたのである。

戦後の一九四六年六月に、「生駒」は近接する三井造船玉野造船所まで曳航され、解体工事が開始され、翌一九四七年三月までに終了している。

航空母艦「伊吹」

本艦は一九四一年に（昭和十六年度）戦時建造計画で建造が決定した「鈴谷改」型重巡洋艦「伊吹」を、建造途中

空母伊吹

から空母に改造されていたものである。

「伊吹」は重巡洋艦としての工事が呉海軍工廠で進められ、基本船体の進水は一九四三年五月に行なわれたが、その後の戦備充実方針の変更から重巡洋艦としての工事は中止され、空母として完成させることに計画が変更されたのであった。

　未完成の基本船体はその後、佐世保海軍工廠まで曳航され、同工廠で一九四三年十一月から航空母艦への改造工事が開始されたのである。工事は完成していた上甲板までの基本船体上に格納庫と飛行甲板を配置するものであったが、本来が高速力を出す全幅の短い巡洋艦であるために、格納庫や飛行甲板の確保に難航することになった。

　空母となる「伊吹」への搭載予定の航空機は新鋭の艦上戦闘機「烈風」、艦上攻撃機「流星」の合計二七機であったが、いずれも既存の艦載機より大型となり、すべての機体を格納庫へ収容することは困難で、二七機のうち一一機は飛行甲板への露天繋止となったのである。

　しかし戦局の推移から本艦の工事は中止されることになり、

工事進捗度八〇パーセントで未完成の船体は佐世保湾内に係留され終戦を迎えることになった。

「伊吹」は重量航空機の発着艦が予定されていたために飛行甲板の延長が必要不可欠となり、飛行甲板は艦首側も艦尾側も基本船体より長く延長されているのが本艦の外観上の特徴であった。「伊吹」の解体工事は一九四六年十一月に開始され、翌年八月に終了している。

特設航空母艦「しまね丸」と「山汐丸」

一九四三年の中頃から米潜水艦による日本商船の被雷損害は激増した。これに対し日本海軍は輸送船団に多くの護衛艦艇を随伴させて対潜攻撃の強化を図ろうとしたが、護衛艦艇の不足と対潜兵器の未熟さなどから、損害の減少はみられなかった。そうしたなかで最も効果的な護衛方法は護衛空母を船団に随伴させることであった。護衛空母に旧式化した艦載機を搭載し、早朝から日没までの間、常時対潜哨戒機を飛ばして船団周辺の海域の哨戒を続けるのである。

しかし当時の日本海軍にはすべての船団に随伴させるに足る護衛空母は存在しなかった。そこで一九四四年に入ると陸海軍は共同で船団随伴用の特設航空母艦の建造を推進することを協議、早速試行の中で実行に移したのである。それは当時建造中であった戦時標準設計型の大型油槽船を陸海軍がそれぞれ購入し、これを独自の計画で特設航空母艦に仕立て、護衛

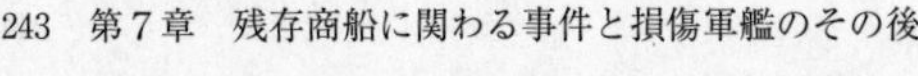

破壊された海軍特設空母しまね丸

空母として運用することであった。

まず海軍が実行した具体的な建造案はつぎのようなものであった。

一九四四年五月に建造中の第一次戦時標準設計型の大型油槽船（1TL型）を二隻購入し、その中の一隻について空母への改造を開始したのである。この改造は完全な空母とするのではなく、基本船体は本来の目的の油槽船として使い、上甲板から上に飛行機格納庫と飛行甲板を組み上げ、一〇機前後の航空機を搭載する特設航空母艦としたのである。つまりこの艦は船団の本来の目的の輸送を実施すると同時に、対潜哨戒も行なえるのである。

この艦は軍艦ではなく飛行甲板を持ち航空機を搭載した「商船」なのである。戦時中のイギリス海軍でもまったく同一の思考で商船改造の特設航空母艦「ＭＡＣ　ＳＨＩＰ」(Merchant Aircraft Carrier) を建造し船団に加えていたのである。

海軍は本船に「しまね丸」の名称をあたえた。本船は総トン数一万二一トン、石油搭載量一万五〇〇〇トン、全長一五五メートル、全幅二三メートルの規模で、上甲板の上に一二機の航空機用の格納庫を新設し、そこにエレベーター一基とその上に飛行甲板を配置したのである。

本船に搭載される機体は飛行甲板の短さから複葉羽布張りの九三式中間練習機一二機が予定された。本機に爆雷一個を搭載し、昼間は数機単位で交代で船団周辺海域の対潜哨戒を行なうのである。潜水艦にとって航空機は、たとえ旧式な機体であっても天敵の存在であり、専用の哨戒機ではなくても十分な効果はねらえたのである。

「しまね丸」の改造工事は川崎造船神戸造船所で一九四四年七月に開始されたが、第一船でもあったために試行錯誤も加わり建造に時間がかかった。一九四五年一月、進捗段階は完成直前の状態にあった。しかし戦局はもはやこのような船を使い船団を運用するような状況にはなく、「しまね丸」はこの状態のまま四国の高松市に隣接する志度湾に曳航され放置されたのであった。

そして一九四五年七月二十八日、瀬戸内海方面に対する英国海軍極東艦隊の機動部隊艦載機の攻撃により、直撃弾三発と至近弾多数をうけ浸水によって湾内の浅海に着底したのであった。

「しまね丸」は戦後の一九四八年七月から解体工事が始まり、同年十二月に完了している。本船はまさに「幻の航空母艦」とも表現できる船であったのだ。

破壊された陸軍特設空母山汐丸

　一方、陸軍も独自設計の特設航空母艦の建造を一九四四年七月から開始した。陸軍も第二次戦時標準設計型の大型油槽船（2TL型）二隻を購入し、その第一船「山汐丸」の改造を開始したのである。

　工事は三菱造船横浜造船所で開始されたが、一九四五年一月の段階での進捗状況は、対空兵器や着艦制動索の装備、さらに各種航海機器の配置準備の直前にあった。しかし「しまね丸」と同じくすでに戦況はこの種の船の建造を進める状況にはなく、ただちに工事は中止され、船体は横浜港内に仮泊状態で放置されたのであった。

　この状況の中、翌月の二月十七日の米海軍機動部隊の関東方面に対する大規模な艦載機の攻撃で「山汐丸」は船尾付近に直撃弾をうけ、またロケット弾多数が命中したのである。このとき本船は沈没はまぬかれたが、無残な姿で横浜港内に終戦まで放置されたのであった。

　ちなみに「山汐丸」に搭載が予定されていた機体は離着

陸特性に優れた三式指揮連絡機（八機）であった。

終戦後、本船は三菱造船横浜造船所の岸壁まで移され、その場所に沈められて大量の土砂が被せられ、同造船所の艤装岸壁の一部として通称「山汐岸壁」の名で利用されたのである。その後、「みなとみらい」施設と横浜マリタイムミュージアムの建設に際し「山汐岸壁」は撤去された。

おわりに

日本帝国海軍の残存艦艇は、いわゆる雑役艦艇を除き、そのすべてが廃棄処分、戦勝国への分配となって終わりを告げたのである。廃棄処分された艦艇は解体され、鉄屑とはなったが、その鉄屑は溶鉱炉で再び鉄鋼として復活し、建設基礎資材として戦後日本の復興に活用されたのである。

一方、艦艇に分類されない雑役艦船については、戦後様々な用途に再利用され、民間船や官公庁所属船舶として活躍することになったのだ。

また残存商船は様々な改良や更新が行なわれ、終戦直後から約一五年間の日本の経済再開の原動力の一部として活躍することになったのである。

とくに終戦時残存していた戦前型のわずかな優秀商船は、飢渇状態にあった日本国民のために食料輸入の媒体として大活躍したことを忘れてはならないのである。残存艦艇や商船で終戦時稼働状態にあった艦船の全力が、海外に残留していた陸海軍将兵や民間人の母国への輸送に大活躍したことを忘れてはならないのである。

NF文庫書き下ろし作品

NF文庫

第二次大戦残存艦船の戦後

二〇二一年九月二十二日　第一刷発行

著　者　大内建二

発行者　皆川豪志
発行所　株式会社　潮書房光人新社
〒100-8077　東京都千代田区大手町一-七-二
電話／〇三-六二八一-九八九一(代)
印刷・製本　凸版印刷株式会社
定価はカバーに表示してあります
乱丁・落丁のものはお取りかえ致します。本文は中性紙を使用

ISBN978-4-7698-3229-4　C0195
http://www.kojinsha.co.jp

NF文庫

刊行のことば

第二次世界大戦の戦火が熄んで五〇年——その間、小社は夥しい数の戦争の記録を渉猟し、発掘し、常に公正なる立場を貫いて書誌とし、大方の絶讃を博して今日に及ぶが、その源は、散華された世代への熱き思い入れであり、同時に、その記録を誌して平和の礎とし、後世に伝えんとするにある。

小社の出版物は、戦記、伝記、文学、エッセイ、写真集、その他、すでに一、〇〇〇点を越え、加えて戦後五〇年になんなんとするを契機として、「光人社NF(ノンフィクション)文庫」を創刊して、読者諸賢の熱烈要望におこたえする次第である。人生のバイブルとして、心弱きときの活性の糧として、散華の世代からの感動の肉声に、あなたもぜひ、耳を傾けて下さい。